区块链技术丛书

区块链开发实战

基于JavaScript的公链与DApp开发

梁培利 曹帅 吴延毅 ◎ 编著

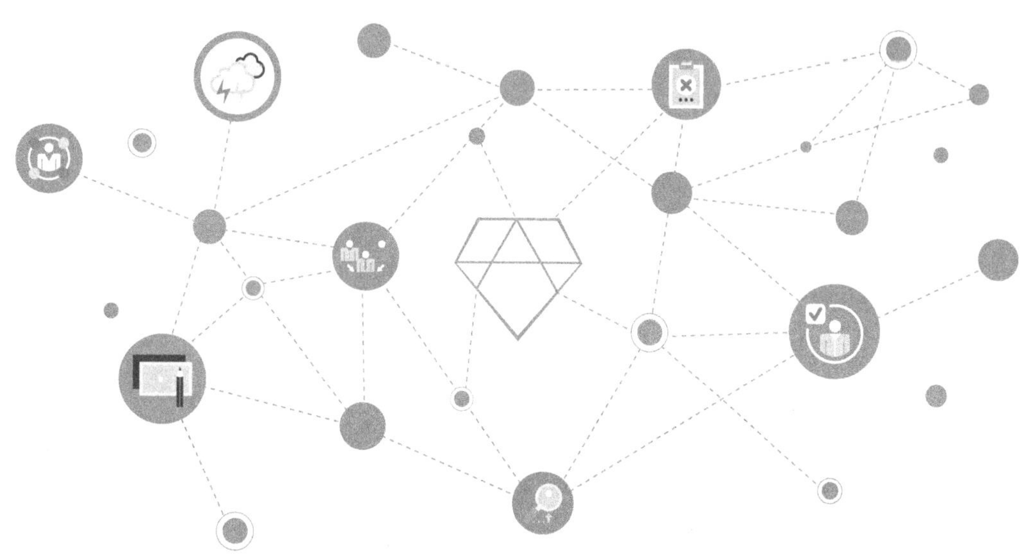

机械工业出版社
CHINA MACHINE PRESS

图书在版编目（CIP）数据

区块链开发实战：基于 JavaScript 的公链与 DApp 开发 / 梁培利，曹帅，吴延毅编著 .
—北京：机械工业出版社，2019.8（2023.3 重印）
（区块链技术丛书）

ISBN 978-7-111-63304-4

I. 区… II. ① 梁… ② 曹… ③吴… III. ①电子商务 – 支付方式 ② JAVA 语言 – 程序设计 IV. ① F713.361.3 ② TP312.8

中国版本图书馆 CIP 数据核字（2019）第 154387 号

区块链开发实战：基于 JavaScript 的公链与 DApp 开发

出版发行：机械工业出版社（北京市西城区百万庄大街 22 号 邮政编码：100037）
责任编辑：吴 怡　　责任校对：李秋荣
印 刷：固安县铭成印刷有限公司　　版 次：2023 年 3 月第 1 版第 2 次印刷
开 本：186mm×240mm 1/16　　印 张：15.75
书 号：ISBN 978-7-111-63304-4　　定 价：89.00 元

客服电话：（010）88361066 68326294

Preface 序　言

2018 年春节期间的“三点钟无眠区块链”微信群，让“区块链”这个非常生硬的技术名词走进了大众的视野。区块链技术以密码学、P2P 技术、共识机制为技术基础，结合激励模型（指公有链）构建了一个开放可信的运行环境，被誉为“下一代互联网”和“价值互联网”。

区块链技术脱胎于比特币，起初应用于加密数字货币。以太坊项目采用区块链技术构建了一个智能合约平台，大家看到了区块链技术在广泛领域中应用的可能。自 2017 年以来，区块链技术热度持续升温。新的区块链项目呈现暴发式的增长。几乎每天都会有各种新的区块链项目出现，传统互联网巨头们也纷纷参与这一领域。尤其是最近 Facebook 发布的 Libra 项目更是引发了全球金融界和技术界的瞩目。可以预见，区块链将在金融、保险等重要的商业场景中发挥巨大的作用。

Asch（阿希链）是国内早期的区块链项目之一，也是多链架构和跨链技术的早期探索者和布道者。Asch 以推动区块链技术的应用落地与 DApp 普及为愿景，据有安全、高效和灵活低成本的特点。Asch 采用 JavaScript 为开发语言，以 Node.js 为运行环境。JavaScript 是近些年来发展最快、拥有最大社区的开发语言。尤其是 Node.js 的出现让 JavaScript 从前端专属，变成了一个的全栈语言，使得 JavaScript 开发后端服务成为可能。Node.js 是一个基于 V8 引擎的 JavaScript 运行时的平台，可轻松构建快速、可扩展的网络应用程序。 Node.js 使用事件驱动的非阻塞 I / O 模型，使其轻量级和高效，非常适合在分布式设备上运行的数据密集型实时应用程序。Node.js 平台的特点和区块链系统的匹配度很高。而 JavaScript 拥有易学易用的特点。拥有非常大的开发群体，这也是

Asch 相对与使用其他语言的 DApp 开发平台非常重要的先天优势。

本书的作者团队包含了 Asch 跨链技术的核心开发者、Asch DApp 开发者和 Asch 技术社区的爱好者。本书从最基础的比特币的原理开始，详细分析了 Asch 的技术架构和实现细节。最后用完整的案例介绍了 Asch 侧链 DApp 的开发方式。内容完整翔实，描述深入浅出。尤其适合热爱 JavaScript 技术的区块链技术爱好者和开发者。

钱汉涛，阿希链 CTO

2019 年 7 月于北京

Introduction 前　　言

我至今清晰地记得，在2016年5月的一个傍晚，吴延毅、单青峰还有我在北航大运村一起吃烧烤的场景。单青峰满眼放光地谈起他最近在做的项目Asch（阿希），向我们解释了比特币和区块链的很多技术原理。我和吴延毅当时听得也很兴奋，预感这项技术未来肯定有很大的前景。

在那次聚餐之后，我开始在网上寻找相关的技术资料认真钻研，终于理解了什么是加密算法、工作量证明、UTXO等区块链的技术概念，内心对这项技术的热爱也与日俱增。后来慢慢开始以社区成员身份参与到Asch的相关工作中来，并且最终入职Asch，成为一名全职的区块链开发工程师。

Asch始于2016年年初，当时单青峰在思考如何把区块链技术应用到更广泛的场景中，确定好了一些现在看来依然比较前沿的解决方案。比如，考虑到开发成本，选择了JavaScript语言，数据库方面选择了关系数据库；出于链的安全性和性能等方面的考虑，采用了侧链技术，每个应用都是一条独立的链。应用既可以保持自己的独立性和灵活性，又能够享受Asch这个生态带来的便利。后来，Asch又率先在跨链方面进行了探索，并且在国内非常早地提出了跨链的解决方案并实现了跨链。

目前，区块链技术依然在快速地迭代。Asch作为国内为数不多并且起步较早的专注于技术创新的项目，这一路上的实践经验是值得总结的，因此有了本书。希望本书能够被更多的同行看到，一起交流和促进区块链技术在国内的发展与应用。

本书用三个部分讲解了区块链技术以及Asch的相关实践，第一部分讲解了区块链技术的基本概念，并用300行代码实现了一个最小的、可运行的区块链；第二部分分析

Asch 的源码，讲解 Asch 的实现原理；第三部分介绍了基于 Asch 的侧链技术的 DApp 开发实战。全书共有 12 章，其中梁培利完成了第 1、2、3、4、5、9 章的创作，吴延毅完成了第 6、7、8 章的创作，曹帅完成了第 10、11、12 章的创作。下面是各章的内容介绍。

第一部分“区块链开发概述”

第 1 章“自己动手实现一个区块链系统” 这一章讲解了如何使用 300 行代码实现一个简单的区块链系统，内容包括区块和区块链的构造、工作量证明算法的实现以及通过 HTTP API 的方式提供与区块链的交互等。通过这章的实践，读者将会对区块链有一个基本的了解。

第 2 章“DApp 开发简介” 这一章介绍了智能合约的基本概念以及案例，然后解释了 DApp 的概念及特点。通过这章，读者可以对智能合约和 DApp 有一个初步的认识。

第二部分“Asch 源码解读”

第 3 章“Asch——区块链应用开发平台” Asch 是一个在 2016 年就发布主网的区块链应用开发平台，目的在于降低区块链技术应用的门槛，帮助企业和开发者快速地构建基于区块链的分布式应用（DApp），只要开发者会使用 JavaScript 以及有一定的开发经验。该章将会从 Asch 的发展讲起，一直到 Asch 的架构解析。希望读者在读完这章以后可以对 Asch 有一个清晰的了解。

第 4 章“Asch 源码概览” 对于区块链项目来说，核心代码开源是基本的要求，这种情况也为我们提供了大量的学习资源。阅读项目源码是深入了解一个项目的最好方式。从这章开始，我们将会一起从源码级别探索 Asch 的实现与运行机制。这章的主要内容为源码概览以及启动流程简介。

第 5 章“账户与安全” 区块链的正常运转离不开密码学的支持。正是因为利用了安全的加密算法，区块链上的每一笔交易和区块的生产才有了安全的保证。这章首先探索区块链用到的基本算法，然后基于 Asch 的源码来解释 Asch 里账户的生成与运用。

第 6 章“共识机制” 共识机制是一个区块链系统的灵魂。但是为什么区块链系统需要共识机制呢？这一章将从拜占庭将军问题谈起，一直谈到目前比较流行的 DPoS+PBFT 算法，来看看共识机制解决了哪些问题，是如何解决的，最后简单介绍了

Asch 的共识机制实现。

第 7 章“区块” 区块是组成区块链的基本单位。一个区块的产生、打包交易、验证以及如何添加到区块链上往往和这个区块链系统采用的共识机制有关。这章主要介绍阿希链上区块的锻造、验证以及添加区块到链上等流程。

第 8 章“交易” 交易的核心流程和区块如出一辙，只不过交易是更泛化的概念，含义比较广，可以代表转账、投票等类型，这章将详细介绍 Asch 交易相关的流程。

第 9 章“跨链实现” 如今在区块链所面临的诸多问题中，区块链之间的彼此隔离成为了区块链技术应用和资产流通的阻碍。无论是公有链还是私有链，跨链技术都是实现价值互联网的关键。跨链技术是把区块链技术从目前一个个分散的孤岛中分离出来的良药，也是区块链相互通信的桥梁。跨链技术的必要性早已在链圈达成了共识。我们将在这章探索 Asch 的跨链实现原理。

第三部分“DApp 开发实战”

第 10 章 “DApp 设计与开发环境搭建” 这一章介绍 DApp 开发，从 DApp 设计者的角度，阐述如何从零到一设计一个 DApp，从业务模型、经济模型到数据模型三个层面逐层介绍，帮助我们更深入地理解区块链应用。

第 11 章“DApp 合约开发与接口实现” 这章通过 CCTime 项目案例介绍合约开发与接口实现。通过这章的学习，读者可以知晓一个 DApp 开发的详细过程。

第 12 章“DApp 测试” 前面的章节从环境搭建、应用设计、代码实现三个部分介绍了 DApp 开发的整体流程，不过我们还缺少了很重要的一环：单元测试。这一章将基于抽奖合约的整个测试流程代码讲解如何对合约与接口进行测试。

本书所有涉及的代码都是用 JavaScript 语言编写的，因此在阅读本书之前，希望读者能够对 JavaScript 语言有基本的了解。

本书偏重于实战，因此建议读者在阅读本书的同时自己动手实践。本书有三个部分，读者可以根据自己的需求选择阅读，三个部分之间并没有太大的依赖关系。读者如果只想了解区块链的基本原理，那么建议阅读第一部分。读者如果想了解 Asch 是如何实现的，可以阅读第二部分。如果读者已经有一定的区块链基础，想要开发 DApp，那么可以直接阅读第三部分并动手实践。

本书的所有代码可以在 https://github.com/AschPlatform/dappbook-code 上找到。

致谢

首先要感谢机械工业出版社的编辑，在本书的写作过程中，编辑花费了很多的时间和精力来阅读书稿，指出了很多文字和格式上的错误，本书才得以出版。感谢曹帅和吴延毅在百忙之中抽出时间参与本书的创作，没有他们的努力，本书就难以完整地呈现在读者面前。感谢单青峰率先把侧链技术引入国内并开创了 Asch 这个优秀的项目，Asch 是本书写作的基础。

谨以此书，献给我的父母、妻子以及女儿，我爱你们。

由于本书作者的水平有限，书里难免会出现错误或者表述不准确的地方，在此恳请读者批评指正。关于本书的任何问题，读者可以到 https://github.com/AschPlatform/dappbook-code 提交 Issue。届时关于本书的任何勘误也都会发布在这个仓库。也欢迎读者发送邮件到我的邮箱 liangpeili@foxmail.com，真诚地欢迎各种意见和反馈。

梁培利

2019 年 5 月于北京龙泽苑

Contents 目　录

第三部分 DApp 开发实战

第一部分 Part 1

区块链开发概述

目前开发一个区块链应用主要有以下三种方式：

- 从零开始开发一个区块链的应用。需要实现的部分主要包括：交易和区块的构造、加密算法、共识机制以及 P2P 通信等。这种方式适用于有较大创新的区块链项目，可以灵活选择各种算法。缺点在于开发周期长，实现难度大，需要有较强的开发能力才可以实现。
- 如果你只是想利用区块链的特性开发一个应用，而不想从头实现一遍区块链的底层机制，那么可以选择一个成熟的区块链应用开发平台。这类平台类似于现在的云服务平台，一般会提供开发工具以及底层接口，便于开发者根据自己的业务场景来编写区块链应用。
- 基于现有的区块链项目改造。开源是区块链项目的一贯风格，无论是区块链的鼻祖比特币还是目前非常火的 EOS，其代码都在 GitHub 上开源了。所以可以阅读这些开源项目的源代码，查看功能实现以及评估安全性等。这也给新的区块链项目开发者带来了福音，新项目的开发者可以拉取目前已经开源的项目，然后根据自己的需求进行改造（当然首先要满足对方项目的开源协议）。这也是一种快速开始一个区块链项目的方法。

本书的第一部分包含两章，在第 1 章里我们会简单梳理一下从比特币到区块链的发展历程。然后用 300 行代码实现了一个简单的区块链项目，内容涉及交易及区块的构造、挖矿以及基于工作量证明的共识机制等。相信没有任何开发区块链基础的开发者都可以很快了解区块链项目的基础知识。第 2 章阐述了区块链应用里智能合约和 DApp 的含义，然后介绍了几个主流区块链应用的开发平台。

第 1 章 Chapter 1

自己动手实现一个区块链系统

比特币是近十年才诞生的新事物，想要进行区块链开发，需要先了解比特币以及区块链的发展背景。本章首先介绍比特币的诞生和发展，以及区块链技术的基本概念，包括加密哈希函数、数字签名、共识机制等，希望能够帮助读者快速了解区块链技术的知识背景。

“纸上得来终觉浅，绝知此事要躬行”。学习区块链的最好方式就是自己动手实现。有了基本概念之后，我们将一起从头开始实现一个简单的区块链系统，包括区块和区块链的构造、工作量证明算法的实现以及通过 HTTP API 的方式提供和区块链进行交互等。通过自己动手实现一个区块链系统，可以对区块链运行的基本原理有一个更深刻的理解。

1.1 从比特币到区块链

1.1.1 比特币的诞生和发展

长久以来，人们对货币的普遍认知是国家基于国家信用发行的、固定的、充当一般等价物的商品。从上个世纪开始，无论是经济学界还是极客圈都已经在探索数字货币的可行性。数字货币可以不基于国家来发行，完全诞生于虚拟世界。上个世纪末，陆续有人提出了多种数字货币的方案，比如 Wei Dai 的“ b—money”以及 Adam Back 的“ hashcash”等。他们在数字货币的发展道路上做出了突破性的贡献，但是他们提出的方案依然不够完美，最后都没有流行开来。

2008 年 11 月。一个署名为中本聪的人在一个密码学的邮件组发表了一篇论文《Bitcoin：A Peer-to-Peer Electronic Cash System》(如图 1-1 所示)，首次提出了比特币的概念。在这篇论文中，中本聪详细阐述了如何使用 P2P 网络以及加密算法来创造一种不需要依赖信任的电子交易系统。2009 年 1 月，中本聪发布并开源了第一版的比特币软件，并用该软件挖出了第一个区块（也称为“创世区块”），并获得了第一批的挖矿奖励：50 个比特币，比特币的故事由此正式拉开序幕。

Bitcoin: A Peer-to-Peer Electronic Cash System

Satoshi Nakamoto
satoshin@gmx.com
www.bitcoin.org

Abstract. A purely peer-to-peer version of electronic cash would allow online payments to be sent directly from one party to another without going through a financial institution. Digital signatures provide part of the solution, but the main benefits are lost if a trusted third party is still required to prevent double-spending. We propose a solution to the double-spending problem using a peer-to-peer network. The network timestamps transactions by hashing them into an ongoing chain of hash-based proof-of-work, forming a record that cannot be changed without redoing the proof-of-work. The longest chain not only serves as proof of the sequence of events witnessed, but proof that it came from the largest pool of CPU power. As long as a majority of CPU power is controlled by nodes that are not cooperating to attack the network, they'll generate the longest chain and outpace attackers. The network itself requires minimal structure. Messages are broadcast on a best effort basis, and nodes can leave and rejoin the network at will, accepting the longest proof-of-work chain as proof of what happened while they were gone.

图 1-1 比特币的白皮书

比特币是第一个诞生于虚拟世界并且可以方便地进行价值转移的真正数字货币。在比特币这个系统里，资产的发行、交易的确认等各种规则是由协议来约束的。比特币的发行总量是 2100 万枚，但是比特币的发行不是由某一个具体的人或组织控制的，而是交给了所有维护这个系统运行的节点。不同的节点之间通过挖矿来竞争比特币的发行权，新生产的比特币可以转入到自己指定的账户。随着挖矿节点的竞争越来越激烈，比特币网络的整体算力也越来越高。比特币系统中引入了一个根据当前全网算力来自动调整挖矿的机制，用于保证系统的产块时间维持在 10 分钟左右。比特币最初的区块奖励是每挖一个区块可以获取 50 个比特币，比特币的区块高度每增长 21 万（大概是四年的时间），区块的奖励就会减半。2018 年 7 月，区块奖励为每个区块 12.5 个比特币。

比特币在诞生初期只是作为一个新鲜物种流行于极客圈，那时，一台普通的笔记本就可以参与到比特币的挖矿过程中并且有巨大的回报。比特币的价格从一开始每个比特币兑换 0.003 美元到 2017 年底达到最高 2 万美元，中间也经历过几次大起大落，如图 1-2 所示。

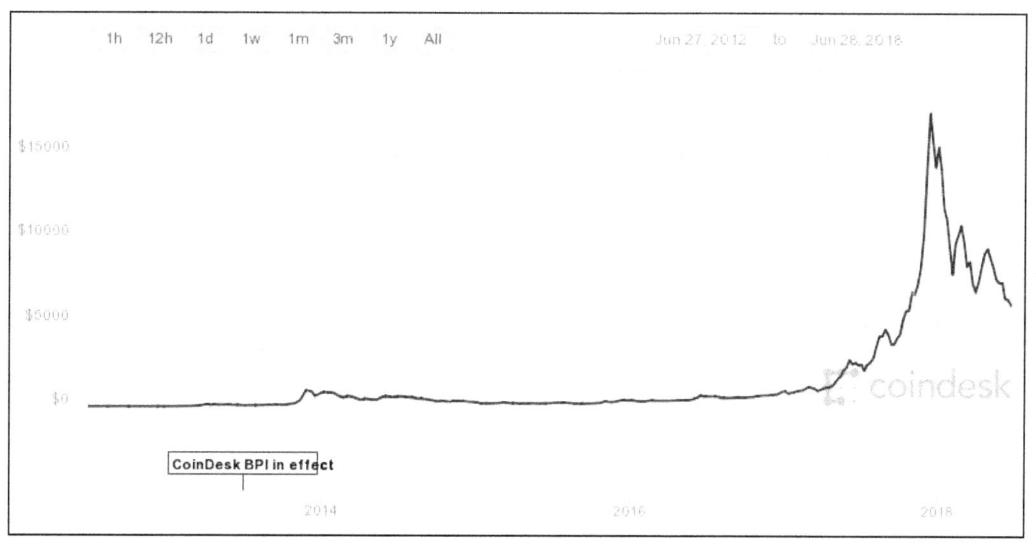

图 1-2　比特币 2012 年以来的价格走势（图片来自于 coindesk）

经过近十年的发展，比特币目前已经形成了完整的生态体系。这个体系包括比特币的核心开发者（Bitcoin Core）、矿池、矿机生产商、交易所、钱包以及用户等。他们在比特币这个开放的社区中贡献着自己的资源，发表自己的看法，共同推动着比特币社区的发展。

1.1.2　区块链

比特币是第一个真正意义上的加密数字货币，也是一个价值传递的网络。然而它也面临着很多问题：交易并发量过低（扩容前比特币每秒仅支持 7 笔交易，也就是 TPS 为 7），确认速度慢（一般认为经过 6 次确认是安全的，大概需要一个小时），浪费电力。根据权威统计，目前维持比特币系统运转所耗费的电力相当于一个中型国家的消耗。

> 提示 比特币的 TPS 是如何计算出来的？在比特币系统里，最小的交易包含了一个输入和两个输出（包括收款人以及找零地址）的 P2PKH 类型的交易。P2PKH 的输入为 148 个字节，输出为 34 个字节。每笔交易的额外开销 (overhead) 又占了 10 个字节。所以在比特币系统里一笔最小交易的长度为 148+234+10=226 个字节。比特币的区块大小限制为 1M 字节，也就是 1000000 字节。考虑极限情况下，一个区块里所有的交易都是这种最小的交易，而比特币是每 10 分钟生产一个新的区块，因此比特币每秒最多可以处理的交易为 1000000 / 226 / 6010 = 7.37 TPS。目前比特币系统里交易的平均大小为 520 字节，所以实际比特币的 TPS 为 3 左右。

其实，在中本聪的白皮书中并没有“区块链”这个词，中本聪提出的是一个基于哈希链表的数据结构，可以用于解决支付中的双花问题（Double spend problem）。因为比特币底层技术有巨大的应用潜力，所以人们将比特币的底层技术抽离出来，并给它起了一个好听的名字：区块链。区块链技术是一种分布式不可篡改的加密数据库技术，主要解决的是去中心化节点间的数据一致性问题，并且融入了通证（Token）的经济激励机制。可以大大增强数据的安全度和可信度。

区块链技术主要包括以下几个部分。

1. 加密哈希函数

我们都知道，一个函数可以接收一个或若干个输入值，然后经函数运算产生一个或若干个输出值。哈希函数满足所有下列条件：

- ❑ 接收任意长度的字符串作为输入。
- ❑ 产生一个固定长度的输出值。
- ❑ 计算时间在合理范围内。

只要满足上述条件，一个函数就可以称为哈希函数。举个简单的例子：取模运算，任意数字对 10 取模后得到的结果都是 0 ～ 9 之间的一个数字，那么取模运算就可以认为是一个哈希函数。

目前用于比特币等数字货币的哈希函数则是加密哈希函数。加密哈希函数除了拥有上述哈希函数的三个特点外，还有着更为独特的特性：无碰撞性、隐藏性、结果随机性，下面分别解释。

（1）无碰撞性

无碰撞性分为*强无碰撞性*和*弱无碰撞性*。强无碰撞性的意思是，对于一个哈希函数 H，我们无法找到两个不同的 x 和 y 值，使得 $H(x) = H(y)$。弱无碰撞性则是，对于一个哈希函数 H 以及输入 x 值，无法找到另外一个 y 值，使得 $H(x) = H(y)$。

无碰撞性并不是真正的“无”碰撞，碰撞是肯定存在的，这里强调的是寻找碰撞的难度。我们以比特币中使用到的哈希函数 SHA256 为例，它的输出值为 256 位，因此结果只有 2^{256} 种可能，但是输入值却可以有无限种可能。现在就有一种必然能找到碰撞的办法：我们首先找到 $2^{256}+1$ 个不同的值，分别计算出它们的哈希值，那结果集里必然有重复的值，这样就会发现一次碰撞了。但是这种方法的可行性怎样呢？假设把全世界所有的计算设备集合起来，从宇宙诞生的时刻到现在一直不停地运算，能够找到一次碰撞的概率和下一秒钟地球被陨石撞击而毁灭的概率一致。既然你读到了这里，那就说明地球毁灭没有发生，也就是没有碰撞发生。

现在还没有一种加密哈希函数在数学上被证明是严格无碰撞性的，现在市面上提到的无碰撞性，一般认为是目前除了暴力破解之外没有其他的途径能够更快地找到碰撞而已。以前也有曾经被认为是无碰撞性的哈希函数后来找到了破解方案的案例。比如 MD5 哈希算法。比特币使用的 SHA256 哈希算法目前也被认为是无碰撞性的，但是不排除以后被破解的可能。

无碰撞性有什么应用呢？一个比较常见的就是消息摘要（Message Digest）。消息摘要是指针对任意长度的输入，通过加密哈希函数运算后得到的哈希值。以现在常用的哈希算法 MD5 为例，其运算示例如下：

```
liangpeili@LiangXiaoxin:~$ echo 'liang' | md5sum
ca75d8d934e4ae05a7146fb68f99f059  -
liangpeili@LiangXiaoxin:~$ echo 'aschplatform' | md5sum
150fa3630db1d8f576d1266176f6e0f7  -
liangpeili@LiangXiaoxin:~$ md5sum mongodb-linux-x86_64-3.4.6.tgz
```

```
7b32958579f2a92e5d0471ae19c0f5eb  mongodb-linux-x86_64-3.4.6.tgz
```

可见输入任何长度的字符串，得到的结果都是固定长度的随机字符串。因为无碰撞性的存在，我们可以认为这个字符串能唯一地代表输入值。

我们平时在互联网上下载软件时，如何确定我们下载的这个软件和网站上的软件就是同一个呢？这时消息摘要就可以发挥作用了。例如，有的网站在下载软件时提供该软件的 md5sum 值，那么我们在下载完该软件时，就可以手工计算一遍该软件的 md5sum 值，然后和网站上的值进行对比，只要两个数值一致，就可以说明我们下载的软件是完整无误的。

（2）隐藏性

给定 $H(x)$，无法推测出 x 的值。不仅无法推测出 x 的值，也不能推测出关于 x 的任何特点，比如奇偶性等。

（3）结果随机性

无论 x 值是否相近，经过哈希运算后得出的 $H(x)$ 都是完全随机的。

这个特点是说，哪怕输入值 x 的长度很长，同时另一个输入值 x' 和 x 值只有一位不同，那它们经过哈希函数 H 运算后得到的结果没有任何的相关性，就像输入了两个完全不同的 x 值一样。

继续以 md5sum 值为例：

```
liangpeili@LiangXiaoxin:~$ echo 'aschplatform' | md5sum
150fa3630db1d8f576d1266176f6e0f7  -
liangpeili@LiangXiaoxin:~$ echo 'aschplatform1' | md5sum
e915a617b2301631ec14d1ca2c093c63  -
liangpeili@LiangXiaoxin:~$ echo 'aschplatform2' | md5sum
bbb9d830f4a5d47051f9fd19cb0fc75e  -
```

从上面的程序中可以看出，即使只改变一个很小的值，经过哈希运算后的结果也会有很大的不同。

这个特性有什么作用呢？如果我们针对特定的结果值 $H(x)$，想找到一个符合条件的输入值 x，那么除了暴力尝试之外没有其他办法。继续以 SHA256 为例，它的输出结果长度为 256 位，如果我们想找到这样的一个 x 值，使得它经过 SHA256 运算后，结果的第一位是 0，求解这样的 x 值的期望次数为 2，那如果想要得到连续 10 位为 0 的哈希值呢？期望计算次数就是 2^{10} 了。通过调整结果范围，我们就可以对计算次数（也可以认为是结果难度）进行调整，这也是比特币调整难度值的原理。

使用 Python 实现的挖矿算法如下：

```
#!/usr/bin/env python
#coding:utf-8
# example of proof-of-work algorithm

import hashlib
import time

max_nonce = 2 ** 32 # 4 billion

def proof_of_work(header, difficulty_bits):

  # calculate the difficulty target
  target = 2 ** (256-difficulty_bits)

  for nonce in xrange(max_nonce):
    hash_result = hashlib.sha256(str(header)+str(nonce)).hexdigest()

    # check if this is a valid result, below the target
      if long(hash_result, 16) < target:
         print("Success with nonce %d" % nonce)
         print("Hash is %s" % hash_result)
         return (hash_result, nonce)
  print("Failed after %d (max_nonce) tries" % nonce)
  return nonce

if __name__ == "__main__":

  nonce = 0
  hash_result = ''

  # difficult from 0 to 15 bits
  for difficulty_bits in xrange(16):

    difficulty = 2 ** difficulty_bits
    print("Difficulty: %ld (%d bits)" %(difficulty, difficulty_bits))

    print("Starting search...")

    # checkpoint the current time
    start_time = time.time()
```

```
# make a new block which includes the hash from the previous block
# we fack a block of transactions - just a string
new_block = 'test block with transactions' + hash_result
# find a valid nonce for the new block
(hash_result, nonce) = proof_of_work(new_block, difficulty_bits)

# checkpoint how long it took to find a result
end_time = time.time()

elapsed_time = end_time - start_time
print("Elapsed Time: %.4f seconds" % elapsed_time)

if elapsed_time > 0:

  # estimate the hashes per second
  hash_power = float(long(nonce)/elapsed_time)
  print("Hashing Power: %ld hashes per second" % hash_power)
```

2. 数字签名

在现实工作和生活中，我们使用签名的方式表达了对一份文件的认可，其他人可以识别出你的签名并且无法伪造你的签名。数字签名就是对现实签名的一种电子实现，它不仅可以完全达到现实签名的特点，甚至能做得更好。常用的数字签名算法有 RSA（Rivest-Shamir-Adleman Scheme）、DSS（Digital Signature Standard）等。比特币使用 ECDSA（椭圆曲线数字签名算法）来生成账户的公私钥以及对交易和区块进行验证（参见后面 5.1.2 节）。

数字签名的工作原理如下所示：

1）Alice 生成一对密钥，一个是 sk（signing key），是非公开的；另一个是 vk（verification key），是公开的。这一对密钥同时生成，并且在数学上是相互关联的，同时，根据 vk 无法推测出关于 sk 的任何信息。

2）数字签名算法接收两个输入：信息 M 和 sk，生成一个数字签名 Sm。

3）验证函数接收信息 M、Sm 以及 vk 作为输入，返回的结果是 yes 或者 no。这一步的目的是为了验证你看到的针对信息 M 的数字签名确实是由 Alice 的 sk 来签发的，用于确认信息与签名是否相符。

与手写签名不同，手写签名基本都是相似的，但是数字签名却受输入影响很大。对输入的轻微改变都会产生一个完全不同的数字签名。一般不会直接对信息进行数字签名，而是对信息的哈希值进行签名。由加密哈希函数的无碰撞性可知，这样和对原信息进行签名一样安全。

3. 共识机制

区块链可以看做是一本记录所有交易的分布式公开账簿，而区块链中每个节点都是对等的。这就带来一个问题：谁有权往这个账本录入数据？如果有好几个节点同时对区块链进行数据写入，最终以谁的为准？这就是在分布式网络中如何保持数据一致性的问题。共识机制是指在一个分布式的网络中，让各个参与网络的节点达成数据上的一致性。在区块链中，共识机制的作用还包括区块生产、区块验证以及系统的经济激励等功能。

不同的共识机制适用于不同的应用场景，以下是常用的共识机制及其适用的应用场景介绍：

- **工作量证明**（Proof of Work, POW）——比特币使用的就是工作量证明的共识机制。在这种机制里，任何拥有计算能力的设备都可以参与竞争区块的生产，系统会根据当前全网的算力动态调整难度值，来保证平均每 10 分钟网络将根据后续区块的态度来决定认可哪个区块。一般来说，一笔交易在经过 6 次确认（约 1 个小时）后被认为是比较安全而且不可逆的。中本聪在设计比特币时，使用工作量证明机制背后的核心思想是“one cpu one vote”，期望能够把比特币设计成一个完全去中心化的系统，任何人都可以使用电脑等终端参与进来。虽然后来由于矿池的出现，使得比特币系统的算力比较集中，但目前工作量证明机制仍然被认为是最适合公链的共识机制。
- **股权证明**（Proof of Stake, POS）——股权证明机制于 2013 年被提出，最早应用于 Peercoin 中。在工作量证明机制中，生产区块的概率和你拥有的算力成正比。相应的，在股权证明机制中，生产区块的难度和你在该系统中占有的股权成正比。在股权证明机制中，一个区块的生产过程为：节点通过保证金（代币、资产、名声等具备价值属性的物品即可）来对赌一个合法的区块会成为新的区块，其收益为抵押资本的利息和交易服务费。提供的保证金越多，获得记账权的概率就越大。一旦生产了一个新的区块，节点就可以获得相应的收益。股权证明机制的目标是为了解决工作量证明机制里大量能源被浪费的问题。恶意参与者存在保证金被罚没的风险。

- **授权股权证明**（Delegated Proof of Stake, DPOS）——工作量证明和股权证明机制虽然都可以解决区块链数据的一致性问题，但正如上面提到的工作量证明机制存在算力集中（矿池）的问题，而股权证明机制根据保证金的数量来调节生产区块难度的方式则会导致“马太效应”的出现，也就是拥有大量代币的账户权利会越来越大，有可能支配记账权。为了解决前两者的问题，后来又有人提出了基于股权证明机制的改进算法——授权股权证明机制。在这种共识机制里，系统中的每个持币用户都可以投票给某些代表，最终得票率在前 101 名的代表可以获得系统的记账权。这些代表按照既定时间来锻造区块，并且获取锻造区块的收益。授权股权证明机制既可以提高共识的效率（相比较比特币每 10 分钟生产一个区块，这种机制可以实现 10 秒以内生产一个区块），又避免了能源的浪费和马太效应，因此成为了很多新兴公链（比如 EOS）的选择。

4. 交易的区块链

在比特币网络中，每笔交易完成后，这笔交易会广播到比特币的 P2P 网络。矿工不仅能够接收到这笔交易，而且还能接收到相同时间段内其他的所有未被记录的交易。矿工的工作就是把这些所有交易打包成一个交易区块。具体的过程是：

1）矿工会把这些交易记录两两配对，通过默克尔树计算出根节点的值。

2）根节点和上一个区块的哈希值结合，作为一个 Challenge String，供矿工作为工作量证明的输入值。

3）矿工完成工作量证明，并把 proof 公开出去供其他节点验证。同时在第一条记录（这条记录也称为 coinbase transaction）里给自己分配挖矿奖励。

4）其他节点验证通过，该区块作为新区块加入到区块链中。

5）矿工也可以收集其他交易记录里的交易费分配给自己。

比特币的诞生和区块链技术的不断发展给我们巨大的想象力。目前，互联网完成了信息的传递，而区块链技术或许可以为互联网带来价值的传递。区块链技术的基础设施、应用场景或许还需要一定的时间才可以发展到目前互联网技术的水平，但是区块链技术的潜力却不容小觑。

1.2　用 300 行代码开发一个区块链系统

本节使用 Node.js 来实现一个简单的区块链系统，只需 300 行代码。

1.2.1　区块和区块链的创建

区块链是把区块用哈希指针连接起来的链条，区块是其中的基本单位。这里我们从设计一个区块的数据结构开始。

1. 创建区块

区块是构建区块链的基本单位，一个区块至少要包含以下信息。

- index：区块在区块链中的位置。
- timestamp：区块产生的时间。
- transactions：区块包含的交易。
- previousHash：前一个区块的 Hash 值。
- hash：当前区块的 Hash 值。

其中，最后两个属性 previousHash 和 hash 是区块链的精华所在，区块链的不可篡改特性正是由这两个属性来保证的。

根据上面的信息，我们来创建一个 Block 类：

```
const SHA256 = require('crypto-js/sha256');

class Block {
  // 构造函数
  constructor(index, timestamp) {
    this.index = index;
    this.timestamp = timestamp;
    this.transactions = [];
    this.previousHash = '';
    this.hash = this.calculateHash();
  }
  // 计算区块的哈希值
  calculateHash() {
    return SHA256(this.index + this.previousHash + this.timestamp + JSON.
stringify(this.transactions) + this.nonce).toString();
  }
```

```
  // 添加新的交易到当前区块
  addNewTransaction(sender, recipient, amount) {
    this.transactions.push({
      sender,
      recipient,
      amount
    })
  }
  // 查看当前区块里的交易信息
  getTransactions() {
    return this.transactions;
  }
}
```

在上面的 Block 类的实现中，我们实用了 crypto-js 里的 SHA256 来作为区块的哈希算法，这也是比特币中使用的哈希算法。transactions 是一系列交易对象的列表，其中包含的每笔交易的格式为：

```
{
  sender: sender,
  recipient: recipient,
  amount: amount
}
```

另外我们给 Block 类添加了三个方法：calculateHash、addNewTransaction、getTransactions，分别用来计算当前区块哈希、增加新交易到当前区块、获取当前区块所有交易。

区块构建完成后，下一步就是考虑如何把区块组装成一个区块链了。

2. 创建区块链

一个区块链就是一个链表，链表中的每个元素都是一个区块。区块链需要一个创世区块（Genesis Block）来进行初始化，这也是区块链的第一个区块，需要手工生成。在我们创建 Blockchain 类时，需要考虑到创世区块的生成。以下是代码示例：

```
class Blockchain {
  constructor() {
    this.chain = [this.createGenesisBlock()];
  }
  // 创建创始区块
  createGenesisBlock() {
    const genesisBlock = new Block(0, "01/10/2017");
```

```
    genesisBlock.previousHash = '0';
    genesisBlock.addNewTransaction('Leo', 'Janice', 520);
    return genesisBlock;
  }
  // 获取最新区块
  getLatestBlock() {
    return this.chain[this.chain.length - 1];
  }
  // 添加区块到区块链
  addBlock(newBlock) {
    newBlock.previousHash = this.getLatestBlock().hash;
    newBlock.hash = newBlock.calculateHash();
    this.chain.push(newBlock);
  }
  // 验证当前区块链是否有效
  isChainValid() {
    for (let i = 1; i < this.chain.length; i++){
      const currentBlock = this.chain[i];
      const previousBlock = this.chain[i - 1];

      // 验证当前区块的 hash 是否正确
      if(currentBlock.hash !== currentBlock.calculateHash()){
        return false;
      }

      // 验证当前区块的 previousHash 是否等于上一个区块的 hash
      if(currentBlock.previousHash !== previousBlock.hash){
        return false;
      }
    }
    return true;
  }
}
```

在 Blockchain 这个类中，我们实现了一个创建创世区块的方法。由于创世区块中并没有前一个区块，因此 previousHash 设置为 0。另外假定这一天是 Leo 和 Janice 的结婚纪念日，Leo 给 Janice 转账 520 个代币，由此产生了一笔交易并记录到创世区块中。最后我们把这个创世区块添加到构造函数中，这样区块链就包含一个创世区块了。方法 getLatestBlock 和 addBlock 含义比较明显，含义分别是获取最新区块和往区块链中添加新的区块。最后一个 isChainValid 方法是通过验证区块的哈希值来验证整个区块链是否有效，如果已经添加到区块链的区块数据被篡改，那么该方法则返回为 false。我们会在下一部分对此场景进行验证。

3. 对区块链进行测试

到现在为止，我们已经实现了一个最简单的区块链了。在这一部分，我们会对创建的区块链进行测试。方法是向区块链中添加两个完整的区块，并且通过尝试修改区块内容来展示区块链的不可篡改的特性。

我们先创建一个名字叫作 testCoin 的区块链。使用 Blockchain 类新建一个对象，此时它应该只包含创世区块：

```
const testCoin = new Blockchain();
console.log(JSON.stringify(testCoin.chain, undefined, 2));
```

运行该程序，结果为：

```
[
  {
    "index": 0,
    "timestamp": "01/10/2017",
    "transactions": [
      {
        "sender": "Leo",
        "recipient": "Janice",
        "amount": "520"
      }
    ],
    "previousHash": "0",
    "hash": "23975e8996cd37311c7fd0907f9b2511c3bf23cf9c9147cca329dec76d7b544e"
  }
]
```

然后，我们新建两个区块，每个区块里都包含一笔交易。然后把这两个区块依次添加到 testCoin 这个区块链上：

```
block1 = new Block('1', '02/10/2017');
block1.addNewTransaction('Alice', 'Bob', 500);
testCoin.addBlock(block1);

block2 = new Block('2', '03/10/2017');
block2.addNewTransaction('Jack', 'David', 1000);
testCoin.addBlock(block2);
console.log(JSON.stringify(testCoin.chain, undefined, 2));
```

可以得到以下结果：

```
[
  {
    "index": 0,
    "timestamp": "01/10/2017",
    "transactions": [
      {
        "sender": "Leo",
        "recipient": "Janice",
        "amount": 520
      }
    ],
    "previousHash": "0",
    "hash": "23975e8996cd37311c7fd0907f9b2511c3bf23cf9c9147cca329dec76d7b544e"
  },
  {
    "index": "1",
    "timestamp": "02/10/2017",
    "transactions": [
      {
        "sender": "Alice",
        "recipient": "Bob",
        "amount": 500
      }
    ],
    "previousHash": "23975e8996cd37311c7fd0907f9b2511c3bf23cf9c9147cca329dec7
6d7b544e",
    "hash": "32b96fa0bba9a7353e67498d822fb0c1f89c307098295c288459cb44dbc5d0f1"
  },
  {
    "index": "2",
    "timestamp": "03/10/2017",
    "transactions": [
      {
        "sender": "Jack",
        "recipient": "David",
        "amount": 1000
      }
    ],
    "previousHash": "32b96fa0bba9a7353e67498d822fb0c1f89c307098295c288459cb44
dbc5d0f1",
      "hash": "3a0b9a0471bb474f7560968f2f05ff93306cfc26be7f854a36dc4fea92018
db2"
  }
]
```

testCoin 现在包含三个区块，除了一个创世区块以外，剩下的两个区块是我们刚刚添加的。注意每一个区块的 previousHash 属性是否正确地指向了前一个区块的哈希值。

此时我们使用 isChainValid 方法可以验证该区块链的有效性。console.log(testCoin.isChainValid()) 的返回结果为 true。

区块链的防篡改性体现在哪里呢？我们先来修改第一个区块的交易。在第一个区块中，Alice 向 Bob 转账 500 元，假设 Alice 后悔了，她只想付 100 元给 Bob，于是修改交易信息如下：

```
block1.transactions[0].amount = 100;
console.log(block1.getTransactions())
```

Alice 查看区块链的交易信息，发现已经改成了 100 元，放心地走了。Bob 看到后，发现交易遭到了篡改。于是 Bob 开始收集证据，他怎么证明 block1 的那笔交易是被人为篡改后的交易呢？ Bob 可以调用 isChainValid 方法来证明目前的 testCoin 是无效的。因为 testCoin.isChainValid() 返回值为 false。但是 testCoin.isChainValid() 为什么会返回 false 呢？我们来看一下背后的逻辑：首先 Alice 修改了交易的内容，这个时候 block1 的哈希值肯定和通过之前交易计算出的哈希值是不同的。这两个值的不同会触发 isChainValid 返回为 false，也就是如下代码实现的功能：

```
if(currentBlock.hash !== currentBlock.calculateHash()){
  return false;
}
```

既然如此，Alice 在修改交易内容的同时修改 block1 的 hash 不就可以了吗？ Alice 可以继续篡改其他的区块内容：

```
block1.transactions[0].amount = 100;
block1.hash = block1.calculateHash();
console.log(testCoin.isChainValid())
```

这样的话，最后的结果依然是 false。为什么呢？是因为下面这段代码：

```
if(currentBlock.previousHash !== previousBlock.hash){
  return false;
}
```

每一个区块都存储了上一个区块的哈希值，只修改一个区块是不够的，还需要修改下一个区块存储的 previousHash。如果我们已经安全地存储了 block2 的哈希值，那无论如何 Alice 都是不可能在不被发现的情况下篡改已有数据的。在真实的区块链项目中，修改一个区块必须修改接下来该区块之后的所有区块，这也是无法办到的事情。区块链的这个“哈希指针”的特性，保证了区块链数据的不可篡改性。

1.2.2　工作量证明

上节实现的区块链系统还比较简单，并且没有解决电子货币系统中需要解决的“双重支付”问题。要想维持整个系统健康运转，需要在系统中设计一定的经济激励机制。在比特币体系中，中本聪就设计了一个“工作量证明”的机制，解决了系统里的经济激励问题以及双重支付问题。下面我们介绍工作量证明算法的原理和实现。

1. 工作量证明算法

一个健康运行的区块链系统随时会产生交易，我们需要有服务器进行以下工作：定时把一个时间段（比特币是 10 分钟，Asch 是 10 秒）的交易打包到一个区块，并且添加到现有的区块链中。但是一个区块链系统中可能有很多台服务器，究竟是以哪台服务器打包的区块为准呢？为了解决这个问题，比特币中采用了一种叫做工作量证明的算法来决定采用哪一台服务器打包的区块并且给予相应的奖励。

工作量证明算法可以简单地描述为：在一个时间段同时有多台服务器对这一段时间的交易进行打包，打包完成后连带区块 Header 信息一起经过 SHA256 算法进行运算。在区块头以及奖励交易 coinbase 里各有一个变量 nonce，如果运算的结果不符合难度值（稍后会解释这个概念）要求，那么就调整 nonce 的值继续运算。如果有某台服务器率先计算出了符合难度值的区块，那么它可以广播这个区块。其他服务器验证没问题后就可以添加到现有区块链上，然后大家再一起竞争下一个区块。这个过程也称为“挖矿”。

工作量证明算法采用了哈希算法 SHA256，这种算法的特点是难以通过运算得到特定的结果，但是一旦计算出来合适的结果后则很容易验证。在比特币系统里，找到一个符合难度要求的区块需要耗费 10 分钟左右，但是验证它是否有效却是瞬间的事。在下一节的代码实现里我们会看到这一点。

举一个简单的例子：假设有一群人玩一个扔硬币游戏，每个人有十枚硬币，依次扔完十枚硬币，最后看十枚中的正面和反面的排序结果。由于最后的结果是有顺序的，结果总有 2^{10} 种可能。现在有个规定，在一轮游戏中，谁先扔出了前 4 枚硬币都是正面的结果，谁就可以得到奖励。于是大家都开始扔十枚硬币并统计结果。前四枚都是正面的可能性有 2^6 种，因此一个人能获取该结果的期望尝试次数为 2^4。如果规定正面的个数越多，那么每个人的尝试次数就会越多，而这里的个数就是难度。如果玩游戏的人逐渐增多，那我们就可以要求结果的前 6 个、前 8 个是正面，这样每轮游戏的时间依然差不多。这也是为什么比特币的算力大增，而依然能保持平均每 10 分钟产生一个区块的原因。

上面阐述了什么是工作量证明，那如何把它添加到我们的区块链应用中呢？

任何一个数据经过 SHA256 运算后都会得到长度为 256 位的二进制数值，我们可以通过调整最开始的部分连续 0 的个数作为“难度值”。比如我们要求最后的区块经过 SHA256 运算后第一位为 0，那么平均每两次运算就会得到一个这样的结果。但是如果我们要求连续 10 位都是 0，那就需要平均计算 2^{10} 次才能得到一次这样的结果了。系统可以通过调整计算结果里连续 0 的个数来达成调整难度的目标。

我们在区块的头信息中添加一个变量 nonce。通过不停地调节 nonce 的值来重新计算整个区块的哈希值，直到计算的结果满足难度要求。

2. 工作量证明的代码实现

基于上节的概念，我们开始改造现在的区块链应用。首先在 Block 类添加一个 nonce 变量：

```
class Block {
  constructor(index, timestamp) {
    this.index = index;
    this.timestamp = timestamp;
    this.transactions = [];
    this.previousHash = '';
    this.hash = this.calculateHash();
    this.nonce = 0;
  }
  ...
}
```

然后在 Block 类中添加一个 mineBlock 方法：

```
  mineBlock(difficulty) {
    console.log(`Mining block ${this.index}`);
    while (this.hash.substring(0, difficulty) !== Array(difficulty +
```

```
1).join("0")) {
        this.nonce++;
        this.hash = this.calculateHash();
    }
    console.log("BLOCK MINED: " + this.hash);
  }
```

方法 mineBlock 就是根据难度值来寻找 nonce，只有找到合适的 nonce 之后才可以提交区块。这里的 difficulty 指的是结果里从开头连续为 0 的个数。如果计算出来的哈希值不符合要求，那么 nonce 加 1，然后重新计算区块的哈希值。

于是，我们在 Blockchain 类里定义一个难度值：

```
  constructor() {
    this.chain = [this.createGenesisBlock()];
    this.difficulty = 2;
  }
```

把挖矿的过程应用到添加区块到区块链的过程中：

```
  addBlock(newBlock) {
    newBlock.previousHash = this.getLatestBlock().hash;
    newBlock.mineBlock(this.difficulty);
    this.chain.push(newBlock);
  }
```

到此为止，我们对应用的改造就完成了。下面对这部分添加后的代码进行测试。

我们先只添加一个区块：

```
const testCoin = new Blockchain();

block1 = new Block('1', '02/10/2017');
block1.addNewTransaction('Alice', 'Bob', 500);
testCoin.addBlock(block1);

console.log(block1)
```

运算结果为：

```
Mining block 1
BLOCK MINED: 005fed00324fcbe1f0ab1703afe94e45a99e197a7df142e669444687f9513e57
Block {
  index: '1',
  timestamp: '02/10/2017',
  transactions: [ { sender: 'Alice', recipient: 'Bob', amount: 500 } ],
```

```
  previousHash: '31b15cc32d6772f237dcf298d5b7a2417f298f40ce6d8d5fbe07958141df
7a4c',
  hash: '005fed00324fcbe1f0ab1703afe94e45a99e197a7df142e669444687f9513e57',
  nonce: 419 }
```

注意那个 nonce 值以及 hash 值。nonce 值表明了计算次数，hash 值是最后得到的结果。这次我们设置的难度值为 2，期望计算次数是 2^8 次（hash 里一个字符代表 4 位）。如果把难度值改成 3 呢？运算结果为：

```
Mining block 1
BLOCK MINED: 000b7f17beaf58bc8fea996a9fed11103ed27ad6d63818b87d89a440cd9757b5
Block {
  index: '1',
  timestamp: '02/10/2017',
  transactions: [ { sender: 'Alice', recipient: 'Bob', amount: 500 } ],
  previousHash: '31b15cc32d6772f237dcf298d5b7a2417f298f40ce6d8d5fbe07958141df
7a4c',
  hash: '000b7f17beaf58bc8fea996a9fed11103ed27ad6d63818b87d89a440cd9757b5',
  nonce: 4848 }
```

可以看到，计算的次数增加了。随着难度值增大，CPU 计算的次数也会呈指数级增加，相应耗费的时间也就越长。

1.2.3 提供和区块链进行交互的 API

1. 挖矿奖励

在实现相关 API 之前，我们首先来看一下什么是挖矿奖励。

上面介绍了挖矿的原理并且实现了工作量证明算法，可是服务器为什么愿意贡献自己的 CPU 资源去打包区块呢？答案就是挖矿时有一个奖励机制。矿工在打包一个时间段的交易后，会在区块的第一笔交易的位置创建一笔新的交易。这笔交易没有发送人，接收人可以设为任何人（一般设置为自己的地址），奖励的数额是多少呢？目前比特币矿工每打包一个区块的奖励是 12.5 个 BTC。这笔奖励交易是由系统保证的，并且可以通过任何一个其他节点的验证。

这里面有几个问题。首先，奖励金额的问题。比特币刚开始发行时，每个区块的奖励是 50BTC，其后每隔四年时间减半，2018 年 7 月已经是 12.5 个 BTC 了。其次，矿工能否创建多笔奖励交易或者加大奖励金额？矿工当然可以这么干，但是这么做以后广播出去的区块是无法通过其他节点验证的。其他节点收到区块后会进行合法性验证，如果不符合系统的规则就会丢弃该区块，而该区块最终也不会被添加到区块链中。

2. 代码重构

为了把我们当前的代码改造成适合通过 API 对外提供的形式，需要做以下几个处理：

1）在 Blockchain 类中添加属性 currentTransactions，用于收集最新交易，并且准备打包到下一个区块中：

```
constructor() {
  this.chain = [this.createGenesisBlock()];
  this.difficulty = 3;
  this.currentTransactions = [];
}
```

2）把 Block 类中的 addNewTransaction 方法移到 Blockchain 类里。

3）把 Block 类和 Blockchain 类输出（export），将 app.js 重命名为 blockchain.js。

最后的 blockchain.js 内容应该为：

```
const SHA256 = require('crypto-js/sha256');

// 区块类
class Block {
  constructor(index, timestamp) {
    this.index = index;
    this.timestamp = timestamp;
    this.transactions = [];
    this.previousHash = '';
    this.hash = this.calculateHash();
    this.nonce = 0;
  }

  calculateHash() {
      return SHA256(this.index + this.previousHash + this.timestamp + JSON.
stringify(this.transactions) + this.nonce).toString();
  }

  mineBlock(difficulty) {
    console.log(`Mining block ${this.index}`);
      while (this.hash.substring(0, difficulty) !== Array(difficulty +
1).join("0")) {
```

```
            this.nonce++;
            this.hash = this.calculateHash();
        }
        console.log("BLOCK MINED: " + this.hash);
    }

    getTransactions() {
        return this.transactions;
    }
}

// 区块链类
class Blockchain {
    constructor() {
        this.chain = [this.createGenesisBlock()];
        this.difficulty = 3;
        this.currentTransactions = [];
    }

    addNewTransaction(sender, recipient, amount) {
        this.currentTransactions.push({
            sender,
            recipient,
            amount
        });
    }

    createGenesisBlock() {
        const genesisBlock = new Block(0, "01/10/2017");
        genesisBlock.previousHash = '0';
        genesisBlock.transactions.push({
            sender: 'Leo',
            recipient: 'Janice',
            amount: 520
        });
        return genesisBlock;
    }

    getLatestBlock() {
        return this.chain[this.chain.length - 1];
    }

    addBlock(newBlock) {
        newBlock.previousHash = this.getLatestBlock().hash;
        newBlock.mineBlock(this.difficulty);
```

```
    this.chain.push(newBlock);
  }

  isChainValid() {
    for (let i = 1; i < this.chain.length; i++){
      const currentBlock = this.chain[i];
      const previousBlock = this.chain[i - 1];

      if(currentBlock.hash !== currentBlock.calculateHash()){
        return false;
      }

      if(currentBlock.previousHash !== previousBlock.hash){
        return false;
      }
    }
    return true;
  }
}

module.exports = {
  Block,
  Blockchain
}
```

注意，上面顺便修改了 Blockchain 里的方法 createGenesisBlock 的代码。

3. 使用 Express 提供 API 服务

为了能够提供 API 服务，这里我们采用 Node.js 中最流行的 Express 框架。区块链对外提供以下三个接口：

- POST /transactions/new：添加新的交易，格式为 JSON。
- GET /mine：将目前的交易打包到新的区块。
- GET /chain：返回当前的区块链。

基础代码如下：

```
const express = require('express');
const uuidv4 = require('uuid/v4');
const Blockchain = require('./blockchain').Blockchain;

const port = process.env.PORT || 3000;
const app = express();
```

```
const nodeIdentifier = uuidv4();
const testCoin = new Blockchain();

// 接口实现
app.get('/mine', (req, res) => {
  res.send("We'll mine a new block.");
});

app.post('/transactions/new', (req, res) => {
  res.send("We'll add a new transaction.");
});

app.get('/chain', (req, res) => {
  const response = {
    chain: testCoin.chain,
    length: testCoin.chain.length
  }
  res.send(response);
})

app.listen(port, () => {
  console.log(`Server is up on port ${port}`);
});
```

下面我们完善路由 /mine 以及 /transactions/new，并添加一些日志功能（非必需）。

先来看路由 /transactions/new，在这个接口中，我们接收一个 JSON 格式的交易，内容如下：

```
{
  "sender": "my address",
  "recipient": "someone else's address",
  "amount": 5
}
```

然后，把该交易添加到当前区块链的 currentTransactions 中。这里会用到 body-parser 模块，最后的代码为：

```
const bodyParser = require("body-parser");
const jsonParser = bodyParser.json();
app.post('/transactions/new', jsonParser, (req, res) => {
  const newTransaction = req.body;
  testCoin.addNewTransaction(newTransaction);
  res.send(`The transaction ${JSON.stringify(newTransaction)} is successfully
added to the blockchain.`);
```

```
});
```

接下来是路由 /mine。该接口实现的功能是收集当前未被打包的交易，将其打包到一个新的区块中；添加奖励交易（这里设置为 50，接收地址为 uuid）；进行符合难度要求的挖矿，返回新区块信息。代码实现如下：

```
app.get('/mine', (req, res) => {
  const latestBlockIndex = testCoin.chain.length;
  const newBlock = new Block(latestBlockIndex, new Date().toString());
  newBlock.transactions = testCoin.currentTransactions;
  // Get a reward for mining the new block
  newBlock.transactions.unshift({
    sender: '0',
    recipient: nodeIdentifier,
    amount: 50
  });
  testCoin.addBlock(newBlock);
  testCoin.currentTransactions = [];
  res.send(`Mined new block ${JSON.stringify(newBlock, undefined, 2)}`);
});
```

至此，代码基本完成，最后我们添加一个记录日志的中间件：

```
app.use((req, res, next) => {
  var now = new Date().toString();
  var log = `${now}: ${req.method} ${req.url}`;
  console.log(log);
  fs.appendFile('server.log', log + '\n', (err) => {
    if (err) console.error(err);
  });
  next();
})
```

4. 测试 API

使用 Node Server.js 启动应用，我们使用 Postman 来对当前的 API 进行测试。

在启动应用后，当前区块链应该只有一个创世区块，我们使用 /chain 来获取当前区块链信息，如图 1-3 所示。

可以看到，当前区块链只有一个区块。那怎么添加新的交易呢？方法如图 1-4 所示。

GET localhost:3000/chain

Body Cookies Headers (6) Tests

Pretty Raw Preview JSON

```
{
    "chain": [
        {
            "index": 0,
            "timestamp": "01/10/2017",
            "transactions": [
                {
                    "sender": "Leo",
                    "recipient": "Janice",
                    "amount": 520
                }
            ],
            "previousHash": "0",
            "hash": "31b15cc32d6772f237dcf298d5b7a2417f298f40ce6d8d5fbe07958141df7a4c",
            "nonce": 0
        }
    ],
    "length": 1
}
```

图 1-3 区块链信息

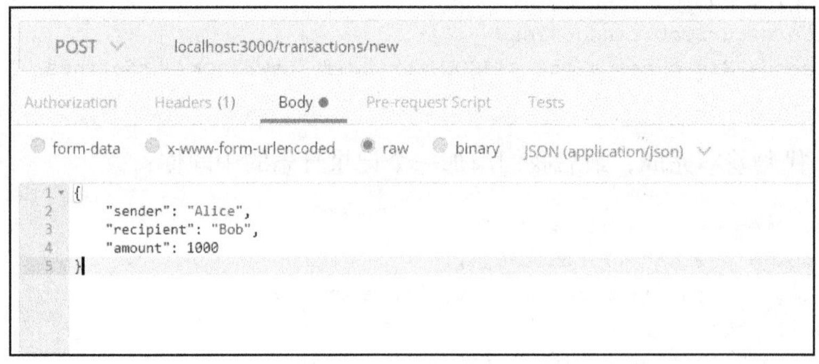

图 1-4 区块链里的交易

把交易以 JSON 的形式添加到请求的 Body 中，返回结果如图 1-5 所示。

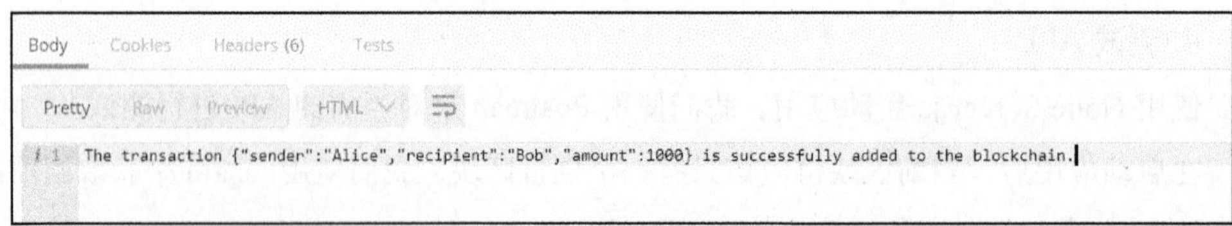

图 1-5 交易的返回结果

接下来，我们可以进行挖矿了：把当前的交易打包到新的区块，并给自己分配奖励。这次我们使用 mine 接口，如图 1-6 所示。

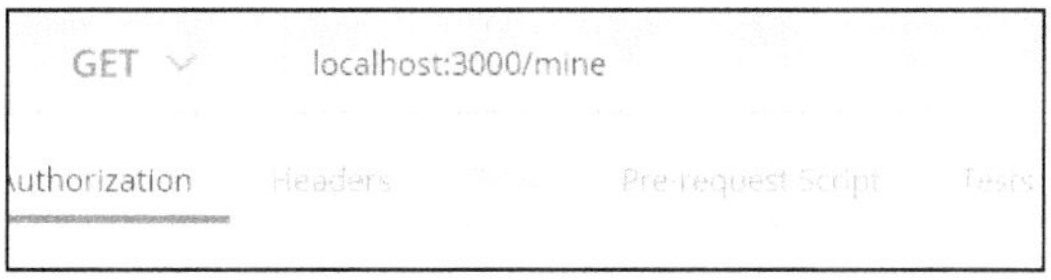

GET　localhost:3000/mine

Authorization　Headers　Pre-request Script　Tests

图 1-6　调用 mine 接口

返回的结果如图 1-7 所示。

Body　Cookies　Headers (6)　Tests

Pretty　Raw　Preview　HTML

```
Mined new block {
  "index": 1,
  "timestamp": "Sat Oct 07 2017 18:35:58 GMT+0800 (DST)",
  "transactions": [
    {
      "sender": "0",
      "recipient": "3a738f2c-65fc-4e0f-85bb-e1bdfd6ac894",
      "amount": 50
    },
    {
      "sender": {
        "sender": "Alice",
        "recipient": "Bob",
        "amount": 1000
      }
    }
  ],
  "previousHash": "31b15cc32d6772f237dcf298d5b7a2417f298f40ce6d8d5fbe07958141df7a4c",
  "hash": "0006a01778561e700e7d68b02b97d165c330c758f3538b916bb497d10d98db6f",
  "nonce": 1531
}
```

图 1-7　挖出第一个区块

可以看到，交易已经被打包到新的区块中了。新的区块中包含一笔奖励交易，难度也符合要求（连续 3 个 0）。

至此，三个接口全部工作正常，我们也可以继续添加交易、挖矿，一直进行下去。

有人会问：如果不添加交易是否可以挖矿呢？答案是 Yes！一般在一个区块链项目的早期，交易的数量可能一天也没有几笔。但是挖矿的工作是要一直进行下去的，只不过每个区块除了奖励交易再没有其他了，这种区块一般成为“空块”。在我们这里也可以实现，不添加交易，直接调用 mine 接口，如图 1-8 所示。

此时，再查看区块链信息，就可以看到刚刚建立的两个区块了，如图 1-9 所示。

GET localhost:3000/mine

Authorization Headers Body Pre-request Script Tests

Type No Auth

Body Cookies Headers (6) Tests

Pretty Raw Preview HTML

```
Mined new block {
  "index": 2,
  "timestamp": "Sat Oct 07 2017 18:41:37 GMT+0800 (DST)",
  "transactions": [
    {
      "sender": "0",
      "recipient": "3a738f2c-65fc-4e0f-85bb-e1bdfd6ac894",
      "amount": 50
    }
  ],
  "previousHash": "0006a01778561e700e7d68b02b97d165c330c758f3538b916bb497d10d98db6f",
  "hash": "0003b23d0beaaf9f7937abc123102f06a56ae69ea8f9e101344b9f6df4cae561",
  "nonce": 3228
}
```

图 1-8 挖出第二个区块

1.3 本章总结

本章实现了一个简单的区块链，这个区块链只实现了区块和区块链的创建、工作量证明算法等，其实，区块链里还有其他重要的部分并没有在这里实现，比如 P2P 通信、UTXO 等。大家可以自行参考网上的资料对本章所实现的区块链进行后续功能的扩展。

参考资料：

- Implementing proof-of-work
  https://www.savjee.be/2017/09/Implementing-proof-of-work-javascript-blockchain/
- Learn Blockchains by Building One
  https://hackernoon.com/learn-blockchains-by-building-one-117428612f46
- Building Blockchain in Go
  https://jeiwan.cc/posts/building-blockchain-in-go-part-2/
- Bitcoin whitepaper
  https://bitcoin.org/bitcoin.pdf

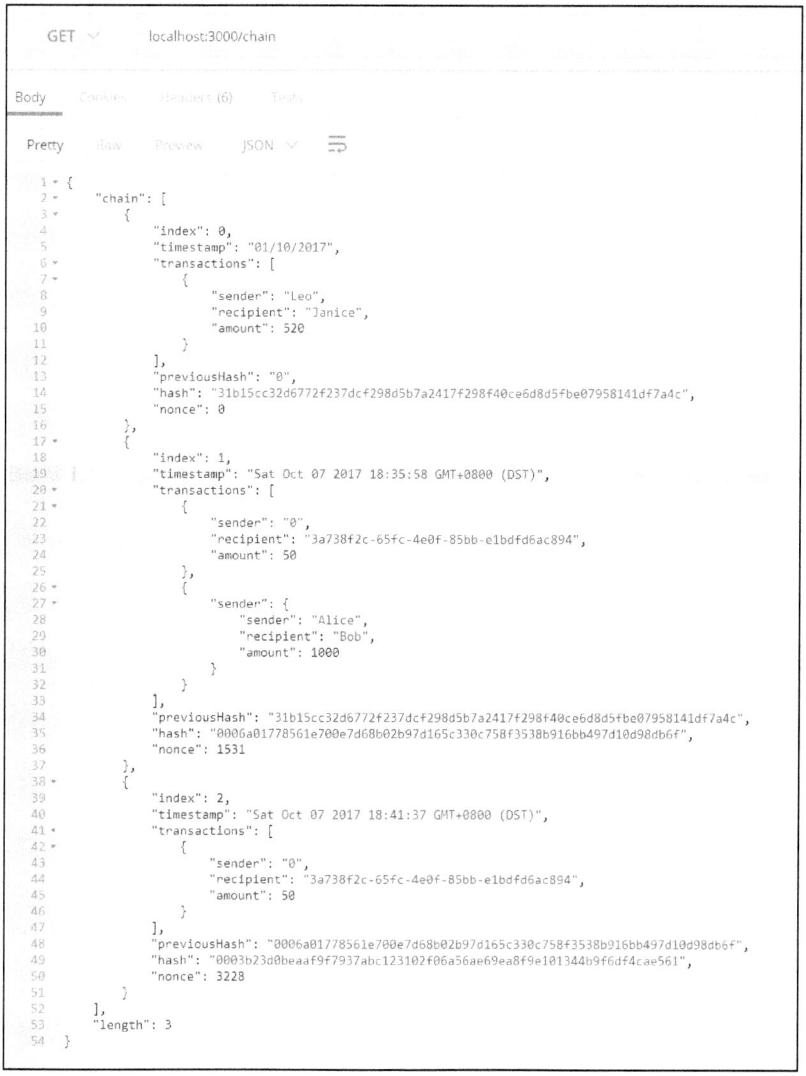

GET　localhost:3000/chain

Body　Cookies　Headers (6)　Tests

Pretty　Raw　Preview　JSON


```json
{
    "chain": [
        {
            "index": 0,
            "timestamp": "01/10/2017",
            "transactions": [
                {
                    "sender": "Leo",
                    "recipient": "Janice",
                    "amount": 520
                }
            ],
            "previousHash": "0",
            "hash": "31b15cc32d6772f237dcf298d5b7a2417f298f40ce6d8d5fbe07958141df7a4c",
            "nonce": 0
        },
        {
            "index": 1,
            "timestamp": "Sat Oct 07 2017 18:35:58 GMT+0800 (DST)",
            "transactions": [
                {
                    "sender": "0",
                    "recipient": "3a738f2c-65fc-4e0f-85bb-e1bdfd6ac894",
                    "amount": 50
                },
                {
                    "sender": {
                        "sender": "Alice",
                        "recipient": "Bob",
                        "amount": 1000
                    }
                }
            ],
            "previousHash": "31b15cc32d6772f237dcf298d5b7a2417f298f40ce6d8d5fbe07958141df7a4c",
            "hash": "0006a01778561e700e7d68b02b97d165c330c758f3538b916bb497d10d98db6f",
            "nonce": 1531
        },
        {
            "index": 2,
            "timestamp": "Sat Oct 07 2017 18:41:37 GMT+0800 (DST)",
            "transactions": [
                {
                    "sender": "0",
                    "recipient": "3a738f2c-65fc-4e0f-85bb-e1bdfd6ac894",
                    "amount": 50
                }
            ],
            "previousHash": "0006a01778561e700e7d68b02b97d165c330c758f3538b916bb497d10d98db6f",
            "hash": "0003b23d0beaaf9f7937abc123102f06a56ae69ea8f9e101344b9f6df4cae561",
            "nonce": 3228
        }
    ],
    "length": 3
}
```


图 1-9　区块链信息

Chapter 2 第 2 章

DApp 开发简介

在开发一个区块链应用之前，我们首先需要了解智能合约和 DApp（Decentralized Application）的概念。本章首先介绍智能合约的概念以及智能合约的案例，然后解释 DApp 的概念及特点，最后介绍目前几个主流的区块链应用开发平台。

2.1 智能合约

我们先来看一下合约的定义，根据维基百科，合约是这么定义的：合同（或合约）是以双方当事人互相对立合致的意思表示所构成的，其中包括要约及承诺两个基本的意思表示。要约是表意人所发出，欲得到相对人承诺而发生一定私法上效力的意思表示。承诺则是针对要约所为的肯定答复，承诺的内容必须和该要约的内容完全一致，否则即为新要约而非承诺。应与要约区分的是要约之引诱，其并非意思表示，而是观念通知，为准法律行为之一种，不生要约拘束力。

那什么是智能合约呢？智能合约的概念由计算机科学家尼克·萨博（Nick Szabo）于 1993 年左右提出。1994 年他把智能合约的概念整理为论文，这也是智能合约首次正式提出。在这篇论文里，尼克·萨博给出智能合约的定义如下："智能合约超越了自动售货机中嵌入各种有价属性的范畴，通过数字方式控制合约。智能合约涉及具有动态性、频繁主动执行属性的财产，且提供更好的观察和验证点，其中主动积极的措施必须丝毫不差。”

简单来说，智能合约就是把双方的约定、条件以代码的形式存储在计算机系统上，当一定的条件被触发或者合约人主动调用合约内容时，那么智能合约就会被执行。

智能合约虽然在理论上很早就被提出，但是却一直停留在概念上。智能合约的实现需要几个条件：

- 必须有货币参与。没有货币参与的合约只能是空谈。以前的货币只能是法币，加密货币的出现提供了合约里价值流通的手段。
- 资产必须数字化。写在合约的资产要数字化。诞生于数字世界的资产（比如游戏里的装备等）天然具有数字化的属性，物理世界中其他的实物资产也必须有数字化的手段。
- 资产必须联网且绝对信任某个数据库。以前这个数据库是由一个中心化的组织保管和维护的，智能合约的参与方必须相信这个组织。区块链的出现使得去中心化数据的存储成为可能。

简单地说，智能合约它必须是智能的，自动化的，不需要人来执行的，合约的执行是自动触发的。而这些特点在区块链诞生以前是很难满足的，而区块链的内置资产、去中心化存储等特性为智能合约的部署和执行提供了天然的土壤。

1. 撰写智能合约的步骤

撰写一个智能合约和撰写通常的合同比较类似，不过需要用代码的形式来实现而已。这里以以太坊为例，撰写智能合约的通常步骤有：

1）确定好参与人、涉及的条款和协议。

2）将第一步确定的细则使用智能合约编程语言（以太坊上用的是 Solidity ）实现，编译成 bytebode，然后部署到以太坊上。

3）一旦合约被部署到以太坊，那么这个合约就获得了一个合约地址。参与方可以根据合约地址来调用智能合约。

4）智能合约一旦被部署到以太坊，任何人都无法再对合约进行更改，即使是最初合约的发布者。

2. 智能合约案例

我们以经典的“先发货还是先打款”的问题，看一下智能合约如何解决这个问题。

假设 A 想要从 B 那里买一批货物，A 和 B 在不同的城市，因此货物需要托运。双方都担心自己受到欺骗，因此 A 不想在没有收到货之前付款，但是 B 不想在没有收到钱之前就发货。为了保证交易的顺利进行，他们引入了一个第三方 C 做担保。A 先把货款打给 C，当 A 收到货以后，就可以知会 C 把货款打给 B。这个流程用智能合约实现的话代码如下：

```
contract Escrow {
  address buyer;
  address seller;
  address agent;

  function Escrow(address _agent, address _seller) {
    // 在这个智能合约里，由购买方发起合约
    buyer = msg.sender;
    agent = _agent;
    seller = _seller;
  }
  function release() {
    if (msg.sender == agent)
      suicide(seller); // 转币给发货方
    else throw;
  }
  function cancel() {
    if (msg.sender == agent)
      suicide(buyer); // 取消交易，货款返回给购买方
    else throw;
  }
}
```

在这个智能合约里，最后的交易结果由 C 决定，他可以根据交易的结果决定把货款给发货方还是购买方。

2.2 DApp 简介

经过前几年移动互联网以及智能手机的普及，相信几乎所有人都知道了什么是 App（Application 的简称）。时间转眼迈入区块链时代，一个新的名词 DApp 开始进

入大众的视野。简单来说，DApp 是 Decentralized Application 的简称，发音为 Dee-App，类似于 E-mail。DApp 和 App 最大的不同是：DApp 是运行在去中心化的区块链中，区块链提供了计算资源和存储资源的支持，前端技术和传统的 Web 开发保持一致。

首先我们来看一下 DApp 的定义。关于 DApp 的具体理解和定义，人们目前并没有达成一致。有人认为只有基于以太坊智能合约开发的应用才是 DApp，而有人也提出类似于 BitTorrent 之类的 P2P 应用也可以称为 DApp。这里采用目前最通用的 DApp Fund CEO David Johnston 在文章《Decentralized Applications White Paper and Spec》里的说法，对 DApp 的定义做一个概括。在这篇文章里，只有当满足以下所有条件时，一个应用才可以称之为 DApp：

- 应用必须完全开源、自治并且没有一个实体控制着该应用的大部分代币（Token）。该应用必须能够根据市场的反馈及技术要求进行升级，但是升级必须由应用的用户达成共识之后才可以进行。
- 应用的数据必须加密后存储在公开的区块链上。
- 应用必须拥有代币机制（可以使用已存在的代币或者新发行一种内置代币），矿工或者应用维护节点需要得到代币奖励。
- 应用代币的产生必须依据标准的加密算法，有价值的节点可以根据该算法获取应用的代币奖励。

根据以上的标准，比特币就是一个 DApp，为什么这么说呢？我们来看一下比特币是否符合上面的标准：

- 比特币的代码完全开源且不受中心组织的控制。
- 所有比特币的交易等信息都可以在区块链上查到。
- 比特币的代币奖励机制有预先内置的加密算法决定，无法修改。矿工由于维护比特币节点的安全和稳定获取奖励。
- 所有比特币区块链上数据的修改都要经过大多数用户的认可（共识）。

可见，比特币是一个 DApp，Asch 是一个 DApp，而基于 Asch 开发的 CCTime 也是一个 DApp。不同的是，有些 DApp 扮演了操作系统的角色（比如 Ethereum、Asch），基于这些平台可以很容易地开发出特定需求的 DApp，而有些 DApp（比如 CCTime）则是具体的应用。

那么，DApp有哪些核心要素呢？

你可以从零开始，自己创造一个完整的区块链系统并开发自己的应用。这相当于开发一个新的区块链项目，比较费事费力且对个人能力要求较高。如果你只是一个普通的开发者，想基于区块链开发自己的应用，那么选择一个成熟的区块链应用开发平台就好了。这些平台一般会提供完善的接口以及开发工具，你只需要操心业务逻辑及其实现就好了。关于区块链的底层部分，这些平台都会帮你处理好。无论用哪种方法，DApp的核心要素包括如下几点：

- 开发平台。目前最流行的开发平台是 Ethereum：Ethereum 是目前全球除了比特币以外第二大的区块链项目，它就像一台遍及全世界的分布式计算机，你只需要把你的应用部署在 Ethereum 上，应用的运行就可以由所有的 Ethereum 节点来保证了。应用的运行需要支付手续费（GAS）。缺点是需要学习一门新的语言 Solidity。另外一个平台是现在笔者所在团队开发的 Asch（中文名叫做阿希）。只要掌握 JavaScript，就可以基于 Asch 开发 DApp。Asch 采用的是侧链架构，每一个 DApp 就是一套侧链。侧链可以有独立的区块链和节点网络。不同的 DApp 之间互相不会影响。不同于 Ethereum，Asch 系统上 DApp 数量的增加不会增加主链的负担，是一套更加先进的机制。
- 共识机制。共识机制决定了运行 DApp 的各节点如何达成共识及获取奖励，目前最常用的共识机制有 POW、POS 以及 DPoS 等。POW 依据计算资源分配奖励，目前 Bitcoin、Ethereum 都采用了这种机制（不过 Ethereum 后面可能要迁移到 POS）。Asch 采用的是 DPoS 机制，核心系统是由 101 个委托人节点组成，委托人是被社区选举的可信账户，得票最高的 101 个委托人负责生产区块。得票排名未进入前 101 名的账户被称为候选人，当他们将来获得足够多的选票并进入前 101 名后，将成为正式的委托人。基于 Asch 开发的 DApp 默认采用这种共识机制，不过开发者可以自己修改并决定使用哪种共识机制。
- 代币分发。一般 DApp 都会内置代币（Token），而想让更多用户参与到 DApp 的维护与使用中的话，就需要考虑好如何把代币分发到用户手中。目前最常见的有以下几种方案。挖矿：以 Bitcoin 为例，任何拥有计算资源的人都可以加入到 Bitcoin 的挖矿中来，通过挖矿奖励来获取新的 Bitcoin。ICO：可以简单理解为众筹。通过收集市面上已经成熟的其他代币，根据一定比例兑换为本 DApp 内的代币来完成。Ethereum 就是按照 1BTC/2000ETH 的比例通过 ICO 众筹到了很多 Bitcoin 作为起始资金。目前这种分发方式在国内已被禁止。空投：将代币免费分发到用户手中。持有其他代币的用户只需要完成一个简单的绑定流程，就可以得到代币。最近的案例有 CCTime 空投，具体方式可参考 CCTime 官网。私募：这与找投资一样，依个人能力而定。

一个 DApp 的生命周期主要分为三部分：

1）撰写白皮书。白皮书描述了 DApp 的技术原理、要解决的问题以及特点等。社区对白皮书的反馈可以添加到后期的更新中。

2）分发代币。可以采用上一节描述的代币分发机制的一种。

3）开发 DApp，逐步进化完善。在 DApp 发布之后，如果该 DApp 走向了一个健康发展的道路，可以期望会有越来越多掌握各种技能的用户加入到社区，一起维护 DApp 的发展。这时早期开发者在社区所占的比重越来越小，DApp 的发展交由社区整体进行运营、更新。无论是比特币还是比特股，早期开发者所起到的作用已经越来越小，去中心化的社区已经可以推动这些项目的继续发展。

目前社会对 DApp 开发的关注刚开始，市面上还难以看到流行的 DApp 应用。随着区块链技术的发展，传统的 C/S 模式可能会被颠覆，开发者也不用再去买云服务器部署自己的应用。有了区块链开发平台，开发者可以很容易地把应用部署到区块链上，这是一个基于全球服务器，7×24 不间断服务的应用平台。另外由于 DApp 代币机制的存在，开发者可以很容易地基于代币获得价值回报。相信在不久的将来，DApp 会超越传统 App，在人们的社会生活中扮演越来越重要的角色。

2.3　区块链应用开发平台简介

开发区块链应用的最快捷方式就是选择一个合适的开发平台，利用平台提供的开发工具和基础资源，完成业务代码的编写和部署。目前比较成熟的区块链应用开发平台有以太坊、Asch 以及 Hyperledger 等。本章会介绍这三个平台的特点，读者可以根据自己的需求自行决定选择哪个平台来进行后续开发。

2.3.1 以太坊

主网上线时间：2015.7.30

平台开发语言：Go

智能合约开发语言：主要是 Solidity，也有其他的开发语言

代码仓库地址：https://github.com/ethereum

以太坊（Ethereum）是一个开源的区块链智能合约开发平台。和比特币不同，以太坊提供了一个支持图灵完备的智能合约开发语言以及其他更加灵活的架构。开发者可以基于以太坊提供的开发语言和接口开发区块链应用。以太坊的区块头如图 2-1 所示。

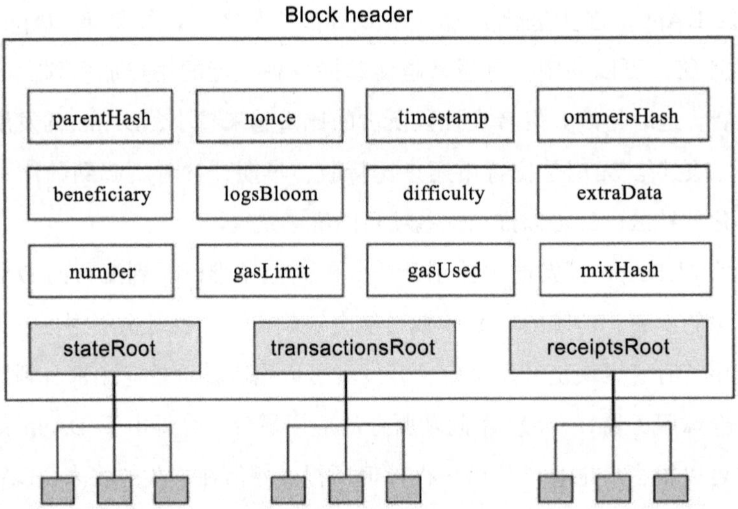

Block header

parentHash	nonce	timestamp	ommersHash
beneficiary	logsBloom	difficulty	extraData
number	gasLimit	gasUsed	mixHash
stateRoot	transactionsRoot	receiptsRoot	

图 2-1 以太坊的区块头

2014 年 7 月 ~ 8 月，以太坊团队通过 ICO 的方式销售了系统的内置代币 ETH，换取了大量的比特币用于以后的研发和运营。这也是全球第一个 ICO 项目。当时 1 个 ETH 的价格在 3 元左右，现在的价格已经是 5000 多元。3 年多的时间实现了 1600 多倍的增长，早期的投资人都获得了极为丰厚的回报。

这里我们详细对比一下以太坊和比特币：

- ❑ 以太坊是一个智能合约开发平台，它支持图灵完备的开发语言。通过这种语言，可以开发功能非常丰富的智能合约，目前最流行的语言是 Solidity。这大大扩展了平台的用途，而不仅仅是作为一个电子货币流通平台。
- ❑ 比特币原理简单，但功能也有限，目前只能作为一个封闭的数字货币流通平台来运转，几乎没有可扩展性如图 2-2 所示。

打个比方，这就像是有两条河，其中一条河叫比特币，你只能站在岸边看着它流淌，什么也干不了。而另一条河叫以太坊，你可以自己造船下河。你的船可以拉客、可以运货，甚至可以养猫，这就大大提高了这条河的利用率。这种模式相比比特币来说是一个非常大的进步，但是以太坊就没有问题了吗？这就引出了下一个问题——以太坊的拥堵问题。

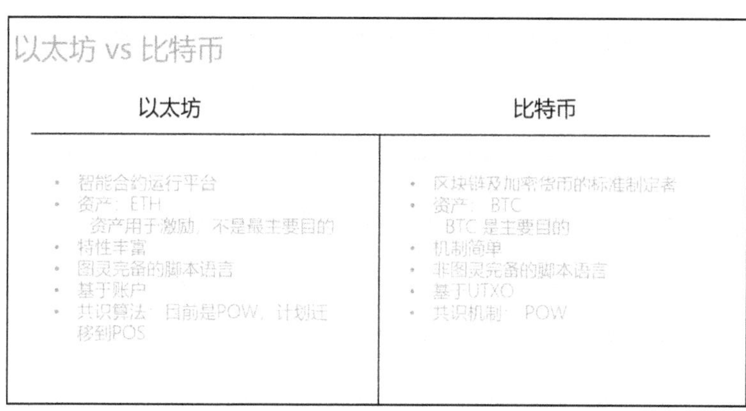

图 2-2　以太坊和比特币的对比

前面讲到了任何人都可以在以太坊这条大河上造船开展自己的业务，但是河只有一条，如果船多了会怎么样？拥挤，对吧。这也是我们在过去几年经常能看到的现象，那就是以太坊的网络拥堵。最近的一次拥堵发生在本书写作的 2018 年，一款基于以太坊开发的养猫游戏流行起来，它一度占据以太坊 20% 的流量，造成了以太坊主链的拥堵，影响到了基于以太坊开发的所有其他应用。这就相当于以太坊这条河中突然出现了一条大船，搞得其他船都没有空间了。

2.3.2 Asch

主网上线时间：2016.8.16

平台开发语言：Node.JS

智能合约开发语言：JavaScript

代码仓库地址：https://github.com/AschPlatform

Asch 是一个去中心化的应用平台，其架构如图 2-3 所示。它提供了一系列的 SDK 和 API 来帮助开发者构建基于 JavaScript 和侧链技术的去中心化应用。Asch 通过提供定制侧链、智能合约、应用托管等一体化的行业解决方案，致力于打造一个易于使用、功能完备、即插即用的系统。利用 Asch 生态系统，开发者可以快速迭代自己的 JavaScript 应用，并发布到系统内置的应用商店中，这些应用可以被平台中的分布式节点下载并执行，并服务于普通用户，整个过程都由 Asch 侧链共识网络提供安全保证。

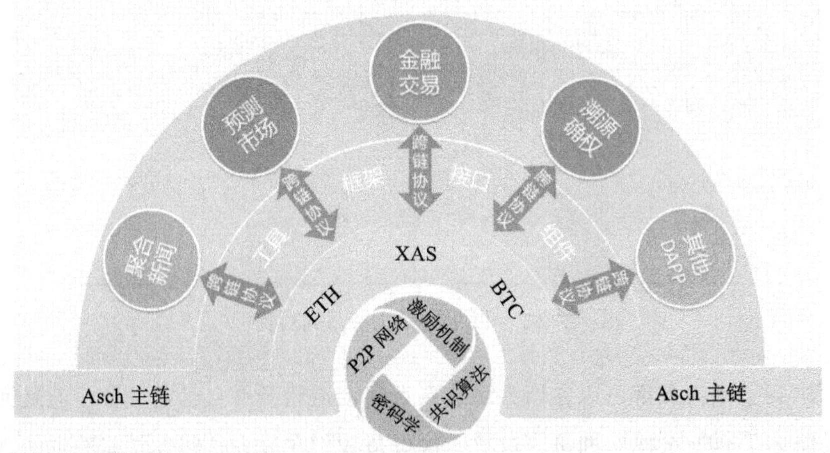

图 2-3 Asch 的架构

Asch 系统本身也是一个完全开放的、去中心化的应用，内置有代币，单位为 XAS，中文名叫 Asch 币。Asch 币可以通过双向锚定的方式与侧链或 DApp 进行交互，作为所有 DApp 之间资产转换的桥梁和媒介，这些代币将在系统发布之前以众筹的方式预售给投资人。系统一旦发布，Asch 最初的核心团队将不再掌控系统的走向，只有系统的权益人和代币的拥有者决定系统将来的发展。

Asch 平台除提供一些基本服务外，还将提供技术和工具上的支持，主要面向以下群体：

- 开发者。开发者可以根据 Asch 平台的应用开发规则和商业行为准则，并按照相关的规范进行开发和提交 DApp。DApp 的商业模式或免费，或定价销售，或按增值服务付费。采用何种商业模式完全由开发者决定。
- 企业。Asch 平台提供的工具可以非常容易地创建一个完整的区块链，更重要的是可以楔入到 Asch 平台的主链或者比特币的区块链中，实现与成熟电子货币的对接，这对中小型企业，特别是初创企业是非常有吸引力的。中小企业可以通过区块链技术提供原本封闭在企业内部、互联网内部的信息和数据，甚至与监管机构的相关系统数据相互链接，增强透明度，以此树立良好的形象，赢得投资者、金融机构的信任度，顺利拿到融资或项目合同等。中小企业主动公开和开放资料，已成无法阻挡的趋势。因为现在有很多的公开渠道来获取数据，中小企业已经越来越难隐瞒它们不想让外界知道的信息。我们可以大胆预测，区块链将是未来帮助中小企业发展的重要武器。
- 普通用户。普通用户可以通过 Asch 内置的应用商店进行下载、安装和使用去中心化应用，这跟手机平台的应用商店是类似的模式。Asch 系统支持多种类型的去中心化应用，普通用户在消费这些应用的同时，还可以通过贡献内容来获得收益。开发者与普通用户将共同组成一个繁荣的生态系统。

Asch 主网于 2016 年 8 月 16 日上线，目前已经安全运行了 2 年多的时间。期间遭遇过多次攻击，但没有发生过分叉或者宕机的情况，在安全性和效率上都已经得到了验证。

2.3.3 Hyperledger

主网上线时间：2017.7.11

平台开发语言：Go

代码仓库地址：https://github.com/hyperledger

Hyperledger（超级账本）是由 Linux 基金会支持，很多巨头（包括 IBM、Intel 等）参与一个面向企业打造的一个透明、公开的去中心化分布式账本项目。目标是制定一个区块链技术的开源规范和标准，让更多的应用可以容易地建立在区块链技术之上。

Hyperledger 目前包括 5 个技术框架，3+1 个工具包（1 个尚未发布）。这 5 个技术框架分别是：

- Sawtooth：为物联网、生产、金融以及企业提供的区块链框架。
- Iroha：聚焦于提供移动库，提供更多的库作为组件被其他组件共同使用。
- Fabric：是一个许可网络，只有获得许可的参与者才可以接入网络。
- Burrow：提供了一个模块化的带有许可智能协议解释器的区块链客户端。
- Indy：一个用于去中心化身份的分布式账本。

3 个工具包分别是：

- Hyperledger Cello
- Hyperledger Composer
- Hyperledger Explorer
- 还有一个尚未发布的工具包：Hyperledger Quilt

如果想要了解更详细的信息，可以查看 Hyperledger 的官网。

2.4 本章总结

本章介绍了智能合约和 DApp 的概念以及区块链应用开发平台。区块链技术的应用落地还刚刚开始，无论是开发智能合约还是 DApp，目前都还处于初始阶段，读者可以根据自己的应用场景选择合适的平台进行开发。

参考资料：

- What is Ethereum?:
  https://coincenter.org/entry/what-is-ethereum
- 以太坊白皮书：
  https://github.com/ethereum/wiki/wiki/%5B%E4%B8%AD%E6%96%87%5D-%E4%BB%A5%E5%A4%AA%E5%9D%8A%E7%99%BD%E7%9A%AE%E4%B9%A6
- Hyperledger_Arch_WG_Paper_2_SmartContracts:

https://www.hyperledger.org/wp-content/uploads/2018/04/Hyperledger_Arch_WG_Paper_2_SmartContracts.pdf

- Decentralized Applications White Paper and Spec:
  https://github.com/DavidJohnstonCEO/DecentralizeDApplications
- What are DApps (Decentralized Applications)?:
  https://coinsutra.com/DApps-decentralized-applications/
- Nick Szabo -- The Idea of Smart Contracts:
  https://perma.cc/V6AZ-7V8W

第二部分 Part 2

Asch 源码解读

- 第 3 章　Asch——区块链应用开发平台
- 第 4 章　Asch 源码概览
- 第 5 章　账户与安全
- 第 6 章　共识机制
- 第 7 章　区块
- 第 8 章　交易
- 第 9 章　跨链实现

Asch 是一个基于区块链跨链技术的应用开发平台，名字是 Application Side Chain 的缩写，目前全部核心代码已经在 GitHub 上开源。

研究一门新技术，一般来说可以研究该技术的早期代码。因为非常成熟有名的代码往往已经过度设计，对于阅读代码入门不一定是好的选择。而一些项目早期的代码更容易阅读并理解其核心原理。目前来说，Asch 是一个非常好的学习区块链的开源项目。

在本书的第二部分，我们将会深入探索 Asch 的代码结构及其功能实现，以帮助大家理解 Asch 的实现逻辑和运转机制。

本部分源码解读基于 Asch v1.4.0（https://github.com/AschPlatform）

第3章 Chapter 3

Asch——区块链应用开发平台

Asch 是一个在 2016 年就发布主网的区块链应用开发平台。目的在于降低区块链技术应用的门槛，帮助企业和开发者能够快速地构建区块链应用（DApp）。开发者只要会使用 JavaScript 以及有一定的开发经验，就可以基于 Asch 快速构建区块链应用。本章将会从 Asch 的诞生讲起，包括 Asch 的架构、开发工具、基本使用等。希望读者在读完本章后可以对 Asch 有一个清晰的了解。

3.1 Asch 的诞生和架构

Asch 于 2016 年 1 月初开始开发，再经历对共识算法的升级、多节点及安全性的各种测试以后，于 2016 年 8 月 16 日正式发布主网。Asch 最初主要由单青峰个人进行开发，目前已经组建了完整的团队进行后续的开发与维护。Asch 到现在已经正常运行了两年多的时间，未发生过严重的安全事故。已经发布的 DApp 有孔明屋、虚拟地球等，还有大量行业应用正在开发中。

关于 Asch（阿希）名字的由来，Asch 的创始人单青峰曾做过解释：A 字代表 Application，S 代表 Side，CH 代表 CHain，组合起来就是应用侧链的意思，见：“Asch 名字的由来”（链接：https://bbs.asch.io/topic/1614/%E9%98%BF%E5%B8%8C%E5%90%

8D%E5%AD%97%E7%9A%84%E7%94%B1%E6%9D%A5）。

做 Asch 的初衷，单青峰也在这篇文章中进行了阐述："有了 lisk，为什么我们还要做一个 Asch"（链接：http://blog.asch.so/2016/05/21/asch-why/）。

Asch 是一个基于侧链架构的公有链平台，内置通证为 XAS（中文名为阿希币）。Asch 包括一套公有链系统以及一系列基于该公有链的开发工具。Asch 以及基于 Asch 开发的 DApp 使用 JavaScript 作为开发语言，支持关系数据库存储数据，极大地降低了区块链开发的门槛。开发者可以利用 Asch 提供的低层 API 进行自由组合，应用到不同的场景，如金融、文件存储、版权证明等。

Asch 提供了一个多链架构的系统生态，如图 3-1 所示。每一个 DApp 都有一条自己的应用主链并且对自己的主链拥有极大的控制权，比如自定义手续费、发行资产等。DApp 的应用主链拥有自己独立的账户体系、数据库等。同时 Asch 提供了可插拔的共识机制，不同的应用主链可以根据自己的需求采用不同的共识算法。

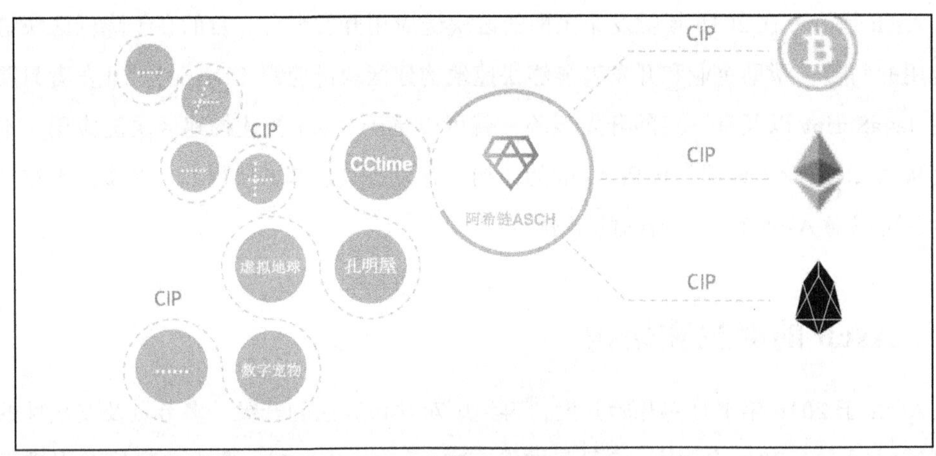

图 3-1 阿希链的多链架构

Asch 主链以及 DApp 的核心逻辑使用 Node.js 进行开发（可能会逐步迁移到 TypeScript）。DApp 链提供后端的业务逻辑以及接口，前端方面则可以用任意流行的前端技术。前后端之间可以通过 HTTP 以及 JSON RPC 等协议进行通信。由于每个 DApp 运行在自己独立的应用主链上，DApp 之间并不会相互影响。

基于这种多链架构，开发者在拥有很大的自主性的同时有可以享受到 Asch 生态的支持，包括开发工具以及用户系统等。

Asch 还通过自主研发的跨链协议来实现和其他公有链之间的资产交换。目前已经发布了和比特币的跨链资产交换，下一步将会完成对接以太坊及 ERC20 等资产的跨链交换。基于这个跨链协议，其他公有链的资产可以接入到 Asch 上来使用，而所有基于 Asch 开发的 DApp 也可以导入其他公有链的优质资产到自己的应用中使用。关于跨链技术的细节，详请参考本书的第 9 章。

利用 Asch 的这种多链 + 跨链的架构，基于 Asch 开发的 DApp 可以更加灵活，并且解决了单链架构（比如以太坊）的数据膨胀以及拥堵问题。另外，Asch 主链上的资产可以在 DApp 和其他主链之间通过跨链协议自由流通，实现“一币多链，一链多币”，DApp 内部可以导入其他主链上的各种资产使用。

成为受托人的节点有生产区块并获取奖励的权利。奖励包括区块的固定奖励及转账的手续费。Asch 系统的区块奖励从 464500 块开始，初始奖励 3.5 XAS。每当系统新增 300 万个区块（大概一年的时间），区块的固定奖励则进行递减。从 15464500 块以后，奖励不再递减，每年有略小于 1.5% 的通胀率。区块固定奖励和区块高度的关系如表 3-1 所示。

表 3-1　区块奖励表

奖励	起始高度	结束高度
3.5	464500	3464500
3	3464500	6464500
2	6464500	9464500
1	9464500	12464500
0.5	12464500	—

目前（2018 年 11 月），每个区块的固定奖励为 2 个 XAS。Asch 系统每天产块总收益：2*24*60*60/10=17280 XAS，每个受托人每天产块收益：17280/101=171.08 XAS

每个受托人的产块收益中，产块的收益会自动转入到社区基金账户，用于团队的开发和运营工作。在后面的版本里，Asch 会继续改进链上社区治理的机制，包括引入 Worker 任务系统等。

3.2 开发工具

目前，Asch 平台上的开发工具包括：asch-js、asch-cli、SDK、API 等。

asch-js 是一个辅助开发者在基于 Asch 开发相关功能的 JavaScript 库。利用 asch-js 库，开发者可以在程序中完成大多数 Asch 主链支持的功能，比如转账、发行资产、注册受托人以及一系列的 DApp 相关功能。详细文档请参考 asch/asch_js_api.md。

asch-cli 是一个运行于命令行下的工具，主要用于通过命令行的方式和区块链进行交互。asch-cli 提供了一个 DApp 的模板，帮助开发者能够快速注册一个 DApp。可以使用命令 asch-cli -h 查看帮助文档，详细文档请参考 asch/asch_cli_usage.md。

Asch SDK 主要用于侧链 DApp 的开发。基于 Asch 提供的 SDK，开发者可以完成诸如数据模型的创建、路由的配置以及数据库读写等操作。详细文档请参考 asch/asch_sdk_api.md。

运行 Asch 节点的服务器支持一系列的 HTTP 的 API。通过系统提供的 API，开发者只需要按照接口规则提供数据，通过 POST/GET 的方式提交给节点，节点则会返回相应的结果。详细文档请参考 asch/asch_http_interface.md。

3.3 客户端的基本使用

Asch 的 客户端分为在线钱包、手机钱包以及轻客户端等，用户可以根据需求选择合适的钱包。下面以在线钱包为例，讲解 Asch 钱包的基本使用。

1）登录网址：https://wallet.asch.io 或者 https://mainnet.asch.io，会显示登录界面，如图 3-2 所示。

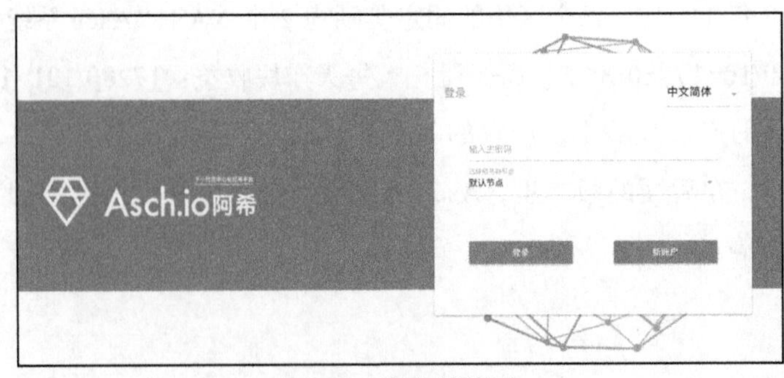

图 3-2 客户端首页

2）点击“新账户”，会生成主密码，如图 3-3 所示。

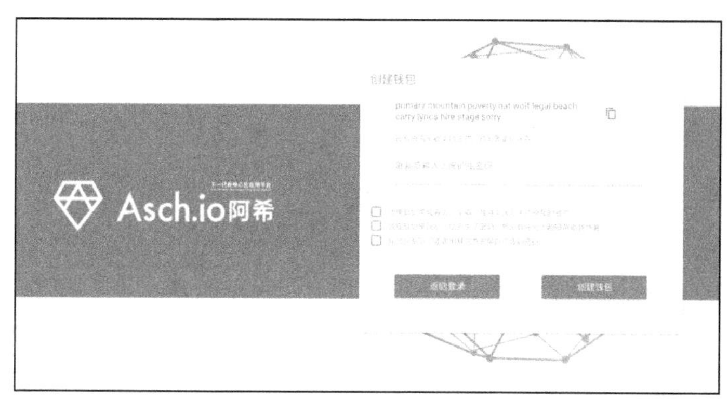

图 3-3　生成新账户

Asch 的主密码遵循 BIP39 协议，由 12 个随机生成的英文单词组成。这个主密码一定要妥善保管，丢失之后无法找回。复制主密码，然后勾选下面的三个选项，就可以创建钱包了。

3）点击下一步，将刚刚生成的密码输入，登录到系统，如图 3-4 所示。

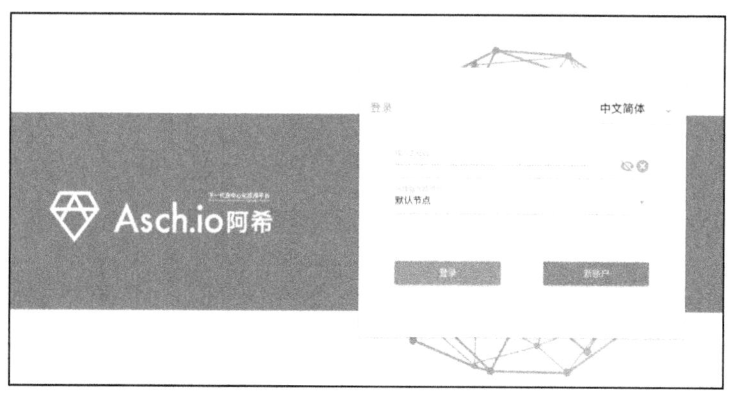

图 3-4　登录到客户端

4）登录后的界面入如图 3-5 所示。

在首页，用户可以看到自己当前的 XAS 余额、昵称、区块高度以及版本信息等，首页默认显示转账记录。左边栏则是各种功能模块。下面分别介绍。

“资产”页面如图 3-6 所示。

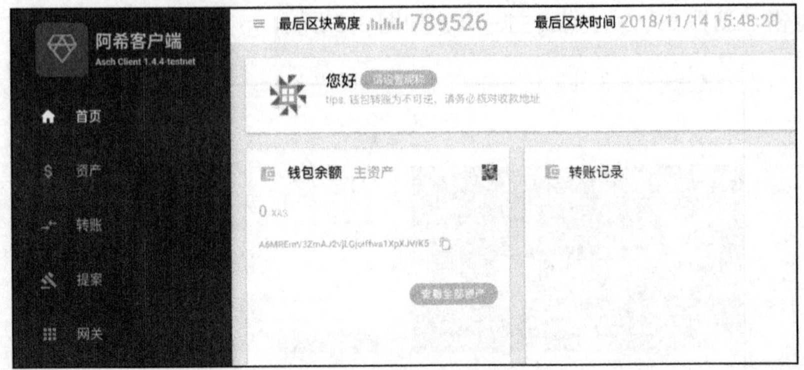

图 3-5 首页

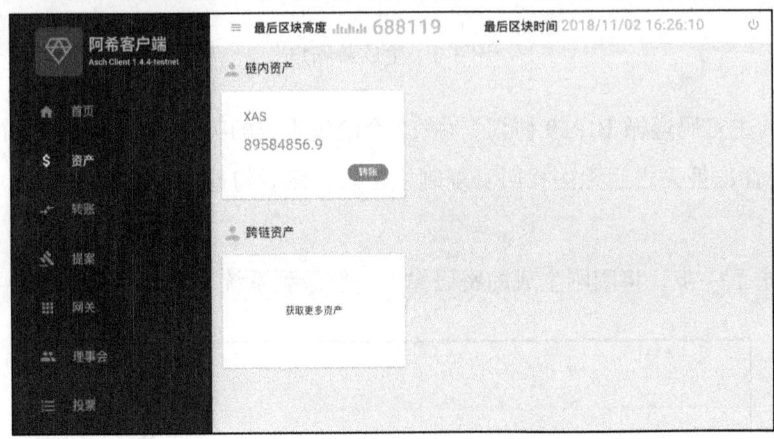

图 3-6 资产展示

Asch 的资产包括 XAS，基于 Asch 发行的链内资产以及通过跨链技术导入来的跨链资产。

“转账”页面如图 3-7 所示。

转账是链上最频繁的操作。注意转账无法撤消，这里可以填写备注。

“提案”页面如图 3-8 所示。

提案是在 1.4 版本以后新增加的功能。主要用于网关的创建于初始化。一项提案在发起以后，需要收集到 68 以上的受托人签名才可以生效。

“网关”页面如图 3-9 所示。

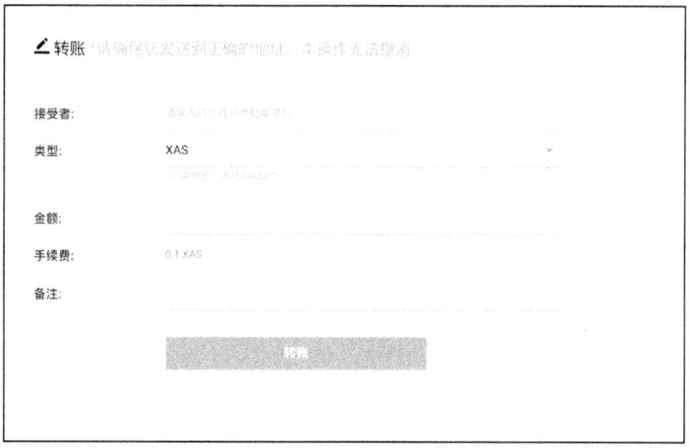

转账

接受者:

类型: XAS

金额:

手续费: 0.1 XAS

备注:

转账

图 3-7　转账操作

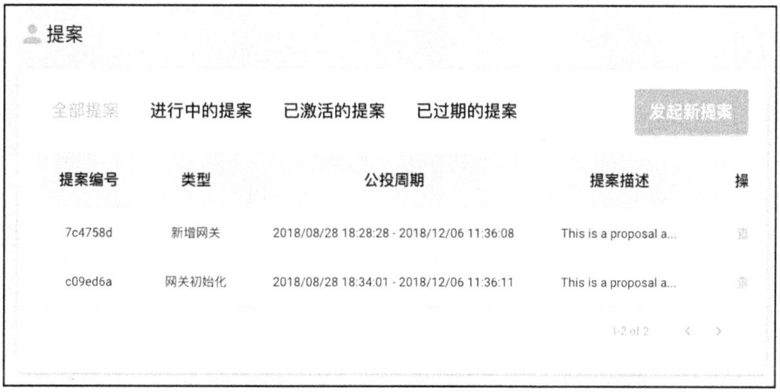

提案

全部提案　进行中的提案　已激活的提案　已过期的提案　发起新提案

提案编号	类型	公投周期	提案描述	操
7c4758d	新增网关	2018/08/28 18:28:28 - 2018/12/06 11:36:08	This is a proposal a...	
c09ed6a	网关初始化	2018/08/28 18:34:01 - 2018/12/06 11:36:11	This is a proposal a...	

图 3-8　提案详情

图 3-9　网关详情

网关是跨链实现里的重要角色。具体的实现可以参考本书的第 9 章。

“理事会”页面如图 3-10 所示。

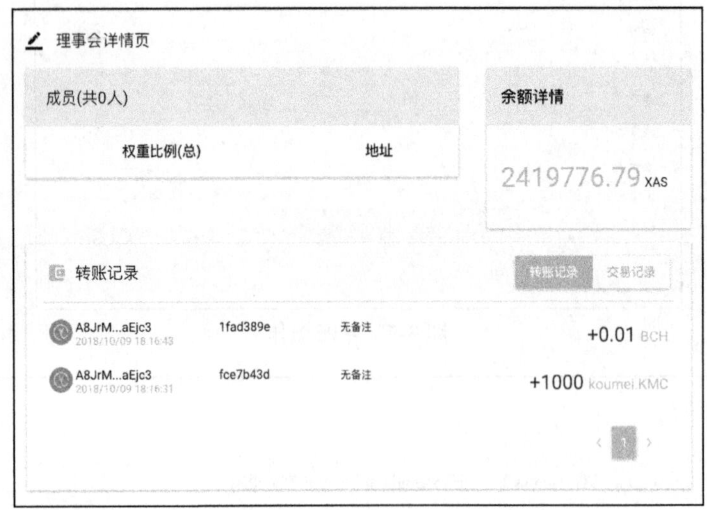

图 3-10 理事会

理事会也是 1.4 版本以后新添加的功能。在 1.4 版本以后，受托人产块的收益都会转到理事会账户。

“投票”页面如图 3-11 所示。

图 3-11 投票页面

这里是 Asch 共识的集中体现。普通的持币人可以在对受托人进行投票和撤票。另外票权也可以托管给代理人来投票。

“个人中心”如图 3-12 所示。

图 3-12　个人中心页面

在个人中心，可以查看账户的基本信息，并且完成一些基本操作，比如设置二级密码、锁仓等。

3.4　如何基于 Asch 注册自己的资产

很多 DApp 的开发者想要在应用里使用自己新建的资产，那这个时候就需要在 Asch 上注册自己的资产了。注册自己的资产步骤如下：

1）注册发行商。点击客户端首页的“资产发行”可以看到如图 3-13 所示的页面。

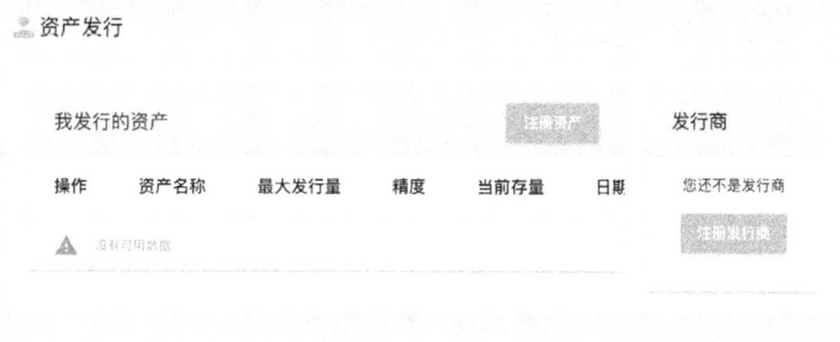

图 3-13　资产发行页面

Asch 的资产格式为“发行商 . 资产名称”，一个账户只可以注册一个发行商，但是一个发行商可以发行多种资产。注册发行商需要花费 500 XAS，而注册资产需要花费 100 XAS。

点击“注册发行商”以后会弹出一个用户协议，点击“确认”以后出现“注册发行商”页面，如图 3-14 所示，可以填写发行商名称以及描述文字。

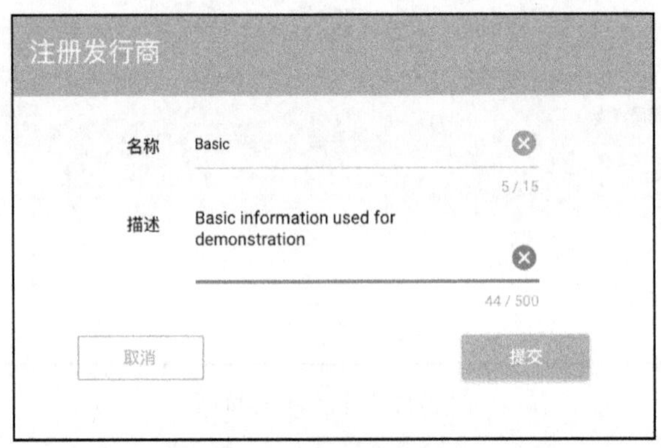

图 3-14 注册发行商

2）注册资产。发行商注册完以后就可以进行注册资产的操作了。在图 3-13 中点击“注册资产”，在确认以后就会出现“注册资产”界面，如图 3-15 所示。

注册资产
资产名称
0 / 6
描述
0 / 500
上限
精度
精度必须为0-16的整数
取消
提交

图 3-15 注册资产

填写完信息后点击“提交”即可完成资产的发行。

笔者在测试网注册的资产如图 3-16 所示。

我发行的资产 注册资产

操作	资产名称	最大发行量	精度	当前存量	日期
	koumei.KMC	10000000000000	1	100000000000	2018/08/21 15:55:27

图 3-16 注册成功后的资产

这里的 koumei 是发行商，KMC 是资产名称。

3.5 DApp 案例简介

Asch 是一个 DApp 开发平台，目前（2018 年 3 月）在主链上已经发布了数款 DApp，覆盖行业各有不同，下面介绍几个比较成熟的 DApp。

1. CCTime

CCTime 是基于 Asch（Asch）侧链技术开发的分布式社会新闻分享与交流平台。CCTime 在 Hacker News 的基础上进行重构，使用区块链技术改变现有中心化的内容市场格局，解决优质内容难以识别、传播和变现的问题，通过全新的内容价值评估体系保证优质内容的生产者直接获得收益。通过“打赏模式”给予优质新闻发布者、分享者代币激励，构建一 个有价值且符合大众需求的新闻聚合和内容分享平台。官网：www.cctime.org

2. 孔明屋

孔明屋致力于打造一个公正、安全、高效的社会化预测市场平台。用区块链的力量连接每个人的智慧，通过汇聚每个参与者的知识和经验，实现对事件进行精准的预测。区块链公开透明、不可篡改等特性让预测过程公开公正、安全可靠。通过经济激励机制促使参与者真实地表达自己对未来事件的判断，大大降低了人为预测的随意性，实现低成本高效的预测。官网：www.koumei.io

3. 虚拟地球

虚拟地球是一个在 Asch 公链上运行的 VR/AR 虚拟现实与真实地理结合的虚拟社

区。以现实的地理环境和城市原型为基础，在现实地图地形地貌的基础上，自由构建虚拟的、去中心化的人文空间。用户可以投资领地或者自由创建、体验，并依靠领地、创造和体验来获得代币收入。官网：www.dreammaking.net

3.6 本章总结

Asch（ASCH）具有安全可靠、高效运行、系统灵活、低成本、易复用等特征。使用 JavaScript 作为应用编程语言，支持关系数据库来存储交易数据，使得开发一个 Dapp 应用与传统的 Web 应用非常相似。相信这对开发者和中小型企业有很大的吸引力，只有开发者的生产力提高了，整个平台的生态才能够更迅速繁荣起来。

Asch 在设计上也是开放的，并没有局限于某个细分领域，可以自由组合其功能实现各种不同的应用。在新闻聚合、发行资产、仲裁、存在性证明、产权认证、物联网、供应链金融、资产数字化、商品溯源、预付卡系统、区块链合同存证等方面都有极大发挥空间。

在共识机制方面，Asch 继承并增强了 DPoS 算法，大大降低了分叉几率和双重支付风险。另外，Asch 的侧链不但延缓了区块链膨胀问题，还使得 DApp 更加灵活和个性化。

Asch 是一个具有前瞻性的、低成本的一站式 DApp 解决方案和新一代去中心化应用的孵化器。秉承着成就企业、引领创新、信仰技术、拥抱未来的价值观，Asch 致力于打造一个全球商用区块链应用生态圈，不仅是用区块链技术赋能各行业，更希望成为能承载世界级经济体的底层基础。

参考资料：

- Asch 论坛：
  https://bbs.asch.io/
- Asch 代码仓库：
  https://github.com/AschPlatform/
- Asch 官网：
  https://www.asch.io/

第 4 章 Chapter 4

Asch 源码概览

对于区块链项目来说，核心代码开源是基本的要求，这种情况也为我们提供了大量的学习资源。阅读项目源码是深入了解一个项目的最好方式。从本章开始，我们将会一起从源码开始探索 Asch 的实现与运行机制。本章先介绍 Asch 生态架构，然后介绍相关源码库，并介绍了 Asch 主链的启动流程。

4.1 Asch 生态架构

Asch 自 2016 年 8 月份上线以来，到现在已经发展出了比较完善的生态体系，包括底层公链层、扩展层、应用层，整体架构如图 4-1 所示。

Asch 的相关源码库包括：

- asch——Asch 源码，定义了 Asch 里数据结构、合约类型以及接口，底层由 asch-core 提供服务。
- asch-core——Asch 核心模块，定义了区块链的基本逻辑，包括加密算法、交易的生成及验证、区块的生成及验证和 P2P 通信等。
- asch-smartdb——Asch 独立研发的 ORM 模块，支持关系型数据库以及 Key-Value 型的数据库。

- asch-sandbox——侧链核心模块，提供了侧链的低层支持以及虚拟机。
- asch-gateway——跨链模块，对 Asch 提供跨链资产的转入与转出。
- asch-cli——命令行工具，主要用于在命令行下和 Asch 主链进行交互。
- asch-js——客户端模块，可以用于在前端或者 Node.js 里和 Asch 主链进行交互。
- asch-frontend——网页客户端，http://mainnet.asch.io 由该库提供支持。
- asch-smartcontract——智能合约模块，用于 Asch 主链的智能合约功能。

图 4-1 Asch 生态架构

上面所有这些代码库共同组成了 Asch 生态。接下来我们简单介绍一下 asch 库以及 asch-core 库的基本逻辑，其他重要逻辑会在后面的章节里详细解释。

4.2 asch 库简要解读

当我们把 asch 库代码克隆下来以后，除了启动文件、依赖文件以及相关测试文件之外，主要的逻辑代码都在 src 目录下。而 src 目录下又有三个目录，分别存放了 Asch

主链的数据结构（model）、合约（contract）以及接口（interface）等。文件结构如下：

```
├── app.js
├── aschd
├── build.js
├── config.json
├── data
├── genesisBlock.json
├── package.json
├── src
│   ├── contract
│   │   ├── basic.js
│   │   ├── chain.js
│   │   ├── gateway.js
│   ├── interface
│   │   ├── accounts.js
│   │   ├── agents.js
│   └── model
│       ├── account.js
│       ├── agent-clientele.js
│       ├── agent.js
│       ├── asset.js
```

4.2.1 数据结构

Asch 的交易数据和区块数据分别存储在 SQLite3 以及 LevelDB 里，由 asch-smartdb 完成和底层数据库的交互。在 model 目录里则定义了 Asch 主链的所有数据结构。以用户表 account.js 为例：

```
module.exports = {
  table: 'accounts',
  tableFields: [
    { name: 'address', type: 'String', length: 50, primary_key: true, not_
      null: true },
    { name: 'name', type: 'String', length: 20, index: true },
    { name: 'xas', type: 'BigInt', default: 0 },
    { name: 'publicKey', type: 'String', length: 64 },
    { name: 'secondPublicKey', type: 'String', length: 64 },
    { name: 'isLocked', type: 'Number', default: 0 },
    { name: 'isAgent', type: 'Number', default: 0 },
    { name: 'isDelegate', type: 'Number', default: 0 },
    { name: 'role', type: 'Number', default: 0 },
```

```
    { name: 'lockHeight', type: 'BigInt', default: 0 },
    { name: 'agent', type: 'String', length: 50 },
    { name: 'weight', type: 'BigInt', default: 0 },
    { name: 'agentWeight', type: 'BigInt', default: 0 },
  ]
}
```

在 accounts.js 中，我们定义了表名、字段以及字段的属性。数据的类型可以是 String、Number、BigInt 等，对于 String 类型的数据要设置长度，同时也可以配置是否为某个字段添加索引。

其他比较重要的表还有：记录了所有交易的 transactions 表，跨链网关相关的 gateway 系列表等。block 表存储在 LevelDB 中，在该目录里没有体现。

4.2.2 合约

数据表定义完成以后，如何完成数据的读写呢？比如新发起一笔转账操作，如何记录到数据库中呢？在 Asch 系统里，任何一个和区块链进行交互的操作（一般是写操作）都被抽象成了合约，并且在启动时赋予了合约类型。不同的合约类型有不同的手续费。所有的合约都在 contract 目录里定义。我们来看最常用的转账合约的实现：

```
async transfer(amount, recipient) {
    // 一些基本的条件验证
    if (!recipient) return 'Invalid recipient'
    app.validate('amount', String(amount))

    amount = Number(amount)
    // 转账的主要逻辑
    const sender = this.sender
    const senderId = sender.address
    if (this.block.height > 0 && sender.xas < amount) return 'Insufficient
      balance'
    sender.xas -= amount

    let recipientAccount
    if (app.util.address.isNormalAddress(recipient)) {
      recipientAccount = await app.sdb.get('Account', recipient)
      if (recipientAccount) {
        recipientAccount.xas += amount
      } else {
        recipientAccount = app.sdb.create('Account', {
```

```
        address: recipient,
        xas: amount,
        name: '',
      })
    }
  } else {
    recipientAccount = await app.sdb.getBy('Account', { name: recipient })
    if (!recipientAccount) return 'Recipient name not exist'
    recipientAccount.xas += amount
  }
  // 写入数据库
  app.sdb.create('Transfer', {
    tid: this.trs.id,
    senderId,
    recipientId: recipientAccount.address,
    recipientName: recipientAccount.name,
    currency: 'XAS',
    amount: String(amount),
    timestamp: this.trs.timestamp,
  })
  return null
},
```

其他的合约也类似，合约的类型在 asch-core/src/runtime.js 里注册。

注意 这里的合约和 Asch 最新上线的智能合约不是一回事儿。

4.2.3 接口

Asch 的 HTTP API 都在 interface 目录里实现。这些接口主要用于通过 HTTP 协议和链上的数据进行交互。接口的实现基于 Node.js 里非常流行的库 express.js，可以利用 asch-smartdb 来查询数据库并返回。一个典型的根据地址查询资产的接口实现如下：

```
router.get('/:address/:currency', async (req) => {
    // 查询条件
    const currency = req.params.currency
    const condition = {
      address: req.params.address,
      currency,
    }
```

```
    // 利用asch-smartdb 和数据库进行交互
    const balance = await app.sdb.findOne('Balance', { condition })
    if (!balance) return 'No balance'
    if (currency.indexOf('.') !== -1) {
      balance.asset = await app.sdb.findOne('Asset', { condition: { name:
        balance.currency } })
    } else {
      balance.asset = await app.sdb.findOne('GatewayCurrency', { condition: {
        symbol: balance.currency } })
    }

    return { balance }
  })
```

基于这种方式，接口可以非常灵活地定义，不同的链可以根据自己的需求自定义接口。

4.2.4 配置文件

配置文件包括 config.json 以及 genesisBlock.json 等。genesisBlock.json 里包含的是创世区块信息，所有节点的创世区块应该是一致的。节点在启动时也会验证这个文件。而 config.json 则是关于本节点的配置信息，比如端口、IP、日志级别等。下面就是 config.json 文件的前几项配置：

```
{
  "port": 4096,          //端口
  "address": "0.0.0.0", //IP地址
  "publicIp": "",        //公网IP地址
  "logLevel": "debug",  //日志级别
  "magic": "594fe0f3",  //主链的magic值
}
```

如果用户成功竞选成为前 101 名的话，则需要在 secret 字段配置自己的主密码。

4.3 asch-core 库简要解读

asch-core 库的主要代码结构为：

```
├── base
│   ├── block.js
```

```
|     ├─── consensus.js
|     └─── transaction.js
├─── core
|     ├─── accounts.js
|     ├─── blocks.js
|     ├─── chains.js
|     ├─── delegates.js
|     ├─── gateway.js
|     ├─── loader.js
|     ├─── peer.js
|     ├─── round.js
|     ├─── server.js
|     ├─── system.js
|     ├─── transactions.js
|     ├─── transport.js
|     └─── uia.js
```

asch-core 是处理主链主要逻辑的代码库，源代码都在 src 目录，还有另外一个比较重要的文件是 proto/index.proto。其中 src/init.js 文件负责初始化，该文件使用 async.js 来处理异步调用问题，可以避免回调地狱。里面的 modules 对应的是 src/core/ 下面的模块，library.base 对应的是 src/base/ 下面的模块，这两个模块都存放了区块链的核心源码。

有些文件名也比较类似，比如 block.js 和 blocks.js，为什么要分为两个目录呢？它们的关系其实很简单，base 目录提供的是一些基础操作函数，供其他模块调用。自身没有事件触发和回调函数。而 core 目录则基本都是事件触发函数，注册了许多 onBind 以及 onNewBlock 之类的事件回调函数。这是它们的主要区别。

src/runtime.js 除了加载 model、contract 以及 interface 等基本模块以外，也对 app 变量进行初始化，所有的交易类型也都在这个文件里注册。以下是不同合约类型以及对应的合约 ID：

```
app.contractTypeMapping[1] = 'basic.transfer'
app.contractTypeMapping[2] = 'basic.setName'
app.contractTypeMapping[3] = 'basic.setPassword'
app.contractTypeMapping[4] = 'basic.lock'
app.contractTypeMapping[5] = 'basic.unlock'
app.contractTypeMapping[6] = 'basic.registerGroup'
app.contractTypeMapping[7] = 'basic.registerAgent'
app.contractTypeMapping[8] = 'basic.setAgent'
```

```
app.contractTypeMapping[9] = 'basic.cancelAgent'
app.contractTypeMapping[10] = 'basic.registerDelegate'
app.contractTypeMapping[11] = 'basic.vote'
app.contractTypeMapping[12] = 'basic.unvote'
```

utils 里存储了相关的工具，其他的目录 base/core/gateway 等存储了主链的处理逻辑，我们在这里简单阐述一下受托人锻造和区块的生产流程，后面的章节会进行更加详细的解析。

4.4 Asch 主链的启动流程

Asch 主链的启动过程如图 4-2 所示。Asch 的主程序可以使用 ./aschd start 或者 node app.js 的方式启动。涉及的文件有 asch 库的 app.js，以及 asch-core 库的 index.js、src/init.js、src/runtime.js 和 src/core/loader.js。我们先从 app.js 开始介绍。

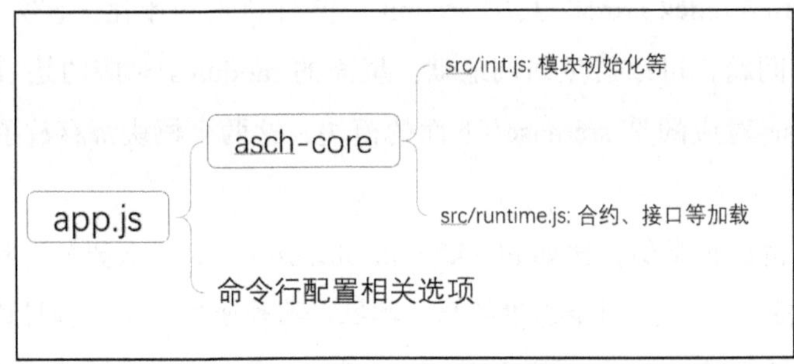

图 4-2 Asch 主链的启动流程

4.4.1 app.js

app.js 可以使用 node app.js 的方式启动，并接收不同的命令行参数来进行个性化的配置，例如：

```
program
  .version(version)
  .option('-c, --config <path>', 'Config file path')
  .option('-p, --port <port>', 'Listening port number')
  .option('-a, --address <ip>', 'Listening host name or ip')
  .option('-g, --genesisblock <path>', 'Genesisblock path')
  .option('-x, --peers [peers...]', 'Peers list')
```

```
    .option('-l, --log <level>', 'Log level')
    .option('-d, --daemon', 'Run asch node as daemon')
    .option('--app <dir>', 'App directory')
    .option('--base <dir>', 'Base directory')
    .option('--data <dir>', 'Data directory')
    .parse(process.argv)
```

可以配置的项有配置文件、端口、节点、数据文件夹等。如果用户没有个性化的配置，则使用默认配置。

接下来，app.js 会进行主链运行所需要的数据，例如：

```
  appConfig.version = version
  appConfig.baseDir = baseDir
  appConfig.dataDir = program.data || path.resolve(baseDir, 'data')
  appConfig.appDir = program.app || path.resolve(baseDir, 'src')
  appConfig.buildVersion = 'DEFAULT_BUILD_TIME'
  appConfig.netVersion = process.env.NET_VERSION || 'testnet'
  appConfig.publicDir = path.join(baseDir, 'public', 'dist')
  ...
```

如果网络类型是 mainnet，则会写入种子节点：

```
if (appConfig.netVersion === 'mainnet') {
    const seeds = [
      757137132,
      1815983436
    ]
    for (let i = 0; i < seeds.length; ++i) {
      appConfig.peers.list.push({ ip: ip.fromLong(seeds[i]), port: 81 })
    }
```

最后加载应用并启动：

```
  const asch = require('asch-core')
  const Application = asch.Application
  ...
  const app = new Application(options)
  app.run()
```

这里可以看到，其中 app 是从 asch.Application 加载过来的，那么这个是在哪里定义的呢？请继续。

4.4.2 index.js

位于 asch-core 库根目录下的 index.js 用于定义上节的 Application。

首先，index.js 会对创世区块进行验证：

```
function verifyGenesisBlock(scope, block) {
  try {
    const payloadHash = crypto.createHash('sha256')

    for (let i = 0; i < block.transactions.length; ++i) {
      const trs = block.transactions[i]
      const bytes = scope.base.transaction.getBytes(trs)
      payloadHash.update(bytes)
    }
    const id = scope.base.block.getId(block)
    assert.equal(
      payloadHash.digest().toString('hex'),
      block.payloadHash,
      'Unexpected payloadHash',
    )
    assert.equal(id, block.id, 'Unexpected block id')
  } catch (e) {
    throw e
  }
}
```

创世区块里包含的是交易信息，这些交易信息会跟随创世块被写入区块链。就像中本聪在比特币的创世块记录了“The Times 03/Jan/2009 Chancellor on brink of second bailout for banks.”这个信息。

index.js 最重要的部分是 Application 类。这个类定义了一些事件监听函数，同时调用 runtime.js 并加载模块：

```
(async () => {
try {
  await initRuntime(options)
} catch (e) {
  scope.logger.error('init runtime error: ', e)
  process.exit(1)
  return
}
scope.bus.message('bind', scope.modules)
```

```
    global.modules = scope.modules
    global.library = scope

    scope.logger.info('Modules ready and launched')
    if (!scope.config.publicIp) {
      scope.logger.warn('Failed to get public ip, block forging MAY not
        work!')
    }
  })()
```

其中，initRuntime 是通过 const initRuntime = require('./src/runtime') 调用了 src 目录下的 runtime.js。接下来我们来看看 runtime.js 主要做了哪些事情。

4.4.3 runtime.js

很多的初始化工作是在 runtime 中完成的，比如封装路由、加载数据表、加载合约、加载接口等。中间还有一系列的验证函数，最后定义了每种交易类型定义的合约编号。

以加载合约为例：

```
async function loadContracts(dir) {
  let contractFiles
  try {
    contractFiles = await PIFY(fs.readdir)(dir)
  } catch (e) {
    app.logger.error(`contracts load error: ${e}`)
    return
  }
  contractFiles.forEach((contractFile) => {
    app.logger.info('loading contract', contractFile)
    const basename = path.basename(contractFile, '.js')
    const contractName = changeCase.snakeCase(basename)
    const fullpath = path.resolve(dir, contractFile)
    const contract = require(fullpath)
    if (contractFile !== 'index.js') {
      app.contract[contractName] = contract
    }
  })
}
```

在 Asch 系统里，所有的写操作都是通过交易来完成的，而每一种交易都对应着一个合约。这里的 loadContracts 就是寻找所有定义的合约并加载：

```
app.validate = (type, value, constraints) => {
    if (!app.validators[type]) throw new Error(`Validator not found:
${type}`)
    const error = app.validators[type](value, constraints)
    if (error) throw new Error(error)
  }
```

在 Asch 的其他代码中，我们能经常看到 app.validate 以及 app.logger 等用法。读取的都是这里所定义的方法。

4.4.4 init.js

init.js 的主要作用是加载 src/base 和 src/core 里面定义的模块，使用 async.auto 解决回调问题。src/core/ 这个目录是整个 Asch 源码的核心部分，以 src/core/delegates.js 和 src/core/blocks.js 这两个模块为例，前者负责受托人的锻造机制，后者负责区块的生成。但是它们都有公共的模块变量，moduels 和 library 这两个变量贯穿了整个核心逻辑，所以需要先明确这两个变量的由来：

- library 是之前的 init.js 初始化的合集，比如从 library 里可以找到 logger、dbLite 等。
- modules 是 src/core 的合集，在里面可以找到 transactions、accounts 等。

src/core 下的各个模块和 src/base 下的模块主要区别之一是，./src/core 模块主要通过事件驱动来实现具体功能：

```
base: ['bus', 'scheme', 'genesisblock',
  (outerCallback, outerScope) => {
    async.auto({
      bus(cb) {
        cb(null, outerScope.bus)
      },
      scheme(cb) {
        cb(null, outerScope.scheme)
      },
      genesisblock(cb) {
        cb(null, { block: genesisblock })
      },
      consensus: ['bus', 'scheme', 'genesisblock', (cb, scope) => {
```

```
        cb(null, new Consensus(scope))
      }],
      transaction: ['bus', 'scheme', 'genesisblock', (cb, scope) => {
        cb(null, new Transaction(scope))
      }],
      block: ['bus', 'scheme', 'genesisblock', 'transaction', (cb, scope) => {
        cb(null, new Block(scope))
      }],
    }, outerCallback)
  }],
```

加载 src/core 里面的模块：

```
modules: [
  'network', 'connect', 'config', 'logger', 'bus',
  'sequence', 'dbSequence', 'balancesSequence', 'base',
  (outerCallback, scope) => {
    global.library = scope
    const tasks = {}
    moduleNames.forEach((name) => {
      tasks[name] = (cb) => {
        const d = domain.create()

        d.on('error', (err) => {
          scope.logger.fatal(`Domain ${name}`, { message: err.message, stack:
            err.stack })
        })

        d.run(() => {
          scope.logger.debug('Loading module', name)
          const Klass = require(`./core/${name}`)
          const obj = new Klass(cb, scope)
          modules.push(obj)
        })
      }
    })
    async.series(tasks, (err, results) => {
      outerCallback(err, results)
    })
  }],
}, done)
```

在最开始的 app.js 中，调用完 init.js 进行各种初始化之后，后面还有非常重要的一步，就是触发 onBind 函数，是通过 bus.message('bind') 去触发的。

对于 src/core/ 下面的各个模块，基本上每个模块都注册了 onBind 函数，但是大部分用处都不大，比如 accounts 等模块的 onBind 函数，只是初始化赋值了 moduels 这个变量而已。

init.js 里的 bus.message 是串联各个核心模块的总线。举例说明：在 core/delegates.js 中已经注册了 onBlockchainReady 这个回调函数。而这个回调是在 core/loader.js 中通过 library.bus.message('blockchainReady'); 去触发调用。从 src/init.js 代码里可以看出 bus.message 的实现，可以看到触发时事件名字和真正回调函数的映射关系是 var eventName = 'on' + changeCase.pascalCase(topic); 也就是 blockchainReady -> onBlockchainReady 的映射关系，依次类推的还有：

- blockchainReady -> onBlockchainReady
- newBlock -> onNewBlock
- bind -> onBind

4.5 本章总结

本章首先介绍了 Asch 源代码库，然后介绍了 Asch 的启动流程。相信经过本章的学习，读者可以对 Asch 源代码的结构、启动流程有了一个大概的了解。

参考资料：

- asch:
  https://github.com/aschplatform/asch
- asch-frontend:
  https://github.com/aschplatform/asch-frontend
- asch-js:
  https://github.com/aschplatform/asch-js
- asch-cli:
  https://github.com/aschplatform/asch-cli
- Protocol Buffers - Google's data interchange format:
  https://github.com/protocolbuffers/protobuf

第 5 章 

账户与安全

区块链的正常运转离不开密码学的支持，正是因为利用了安全的加密算法，区块链上的每一笔交易和区块的生产才有了安全的保证。本章先探索区块链中用到的基本密码学算法，然后基于 Asch 的源代码来解释 Asch 里账户的生成与运用。

5.1 区块链里的密码学

区块链里涉及密码学的部分主要是非对称加密算法以及加密哈希函数等（参见第 1 章），前者用于公私钥的生成和数字签名，后者用于生成地址以及计算交易和区块的哈希值等。

5.1.1 非对称加密

非对称加密（asymmetric cryptography）是密码学的一种算法，在这种算法里，加密和解密使用不同的密钥：一个称为公钥，另一个称为私钥。其中公钥可以公开，被任何人获取。但是私钥必须由用户严格保管，不能泄露。这对公私钥一般是通过一个随机大数字通过生成算法计算出来的，如图 5-1 所示。

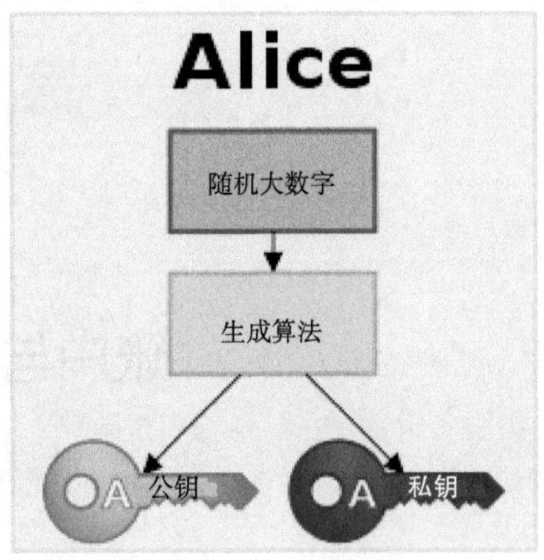

图 5-1 公私钥的生成

基于公开密钥加密的特性，非对称加密还提供数字签名的功能，签名信息可以基于公钥来验证。例如，Alice 用自己的私钥对一段信息进行签名，那么其他人（如 Bob）就可以借用 Alice 的公钥来验证一段信息是否真的由 Alice 签署，同时也不会暴露 Alice 的私钥。如图 5-2 所示。

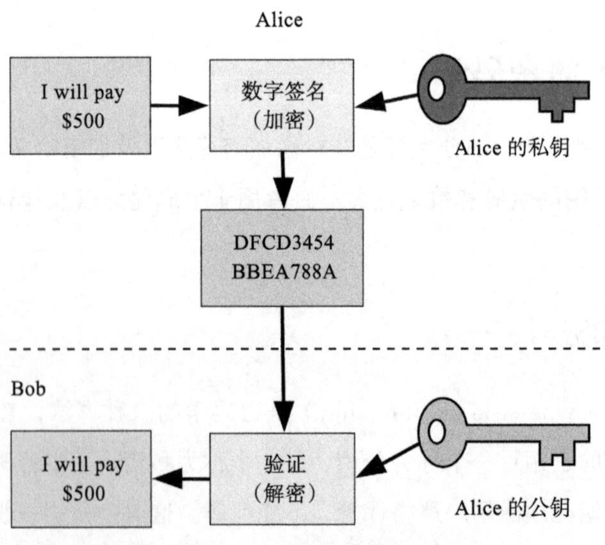

图 5-2 数字签名及验证

非对称加密算法有两个属性：

- 在已知公钥的情况下，无法推导出该公钥对应的私钥。
- 可以通过某些方法来证明某人拥有一个公钥所对应的私钥，而此过程不会暴露关于私钥的任何信息。

常见的非对称加密算法有 RSA、ECC（椭圆曲线加密算法，Elliptic Curve Cryptography）等。一般的区块链项目，如比特币、以太坊，都采用了椭圆曲线数字签名算法（Elliptic Curve Digital Signature Algorithm，ECDSA），原因是在 ECDSA 算法里，一个长度为 256 位私钥的安全性和 RSA 算法里长度为 3072 位私钥的安全性一致（更短的私钥更加容易管理）。接下来我们会详细解释 ECDSA 算法的实现。

5.1.2　ECDSA 算法

在数学上，任何满足以下方程的点所形成的曲线称为随机椭圆曲线：

$$y^2 = x^3 + ax + b$$

并且 $4a^3 + 27b^2 \neq 0$，a 和 b 可以为任意值。图 5-3 是几个随机椭圆曲线的示例：

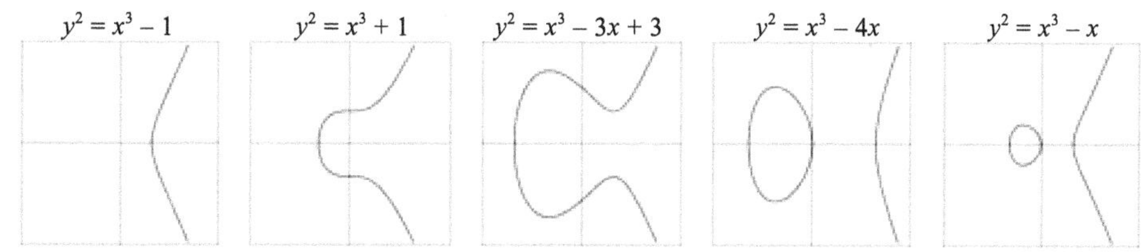

图 5-3　随机椭圆曲线示例

从图中可以看出，每一条随机椭圆曲线都是关于 x 轴对称的。

ECDSA 算法通过随机椭圆曲线方程的性质产生密钥，有好多实现方案。其中比特币、以太坊以及许多其他的区块链项目使用的标准为 secp256k1，它的公式为：

$$y^2 = x^3 + 7$$

其曲线如图 5-4 所示。

1. 点的加法

在讲解公私钥的生成之前，我们需要了解在随机椭圆曲线里，点的加法是如何实现的。

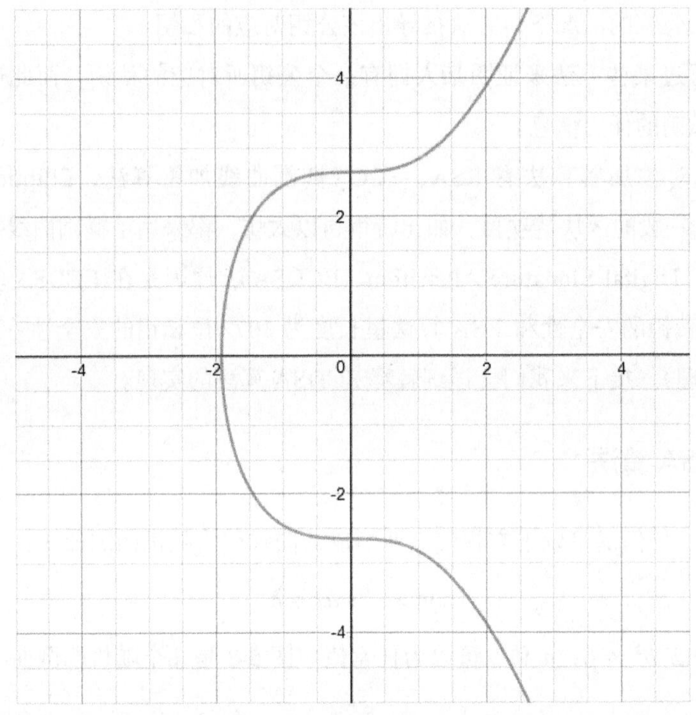

图 5-4 secp256k1 曲线图

在随机椭圆算法里，加法是按照以下方式定义的：假设曲线上存在两点 P 和 Q，那么 $P+Q$ 的点根据以下方式得出：首先过 P，Q 两点做直线，然后找到直线和曲线相交的第三个点。该点关于 x 轴对称的点 R 就是 $P+Q$ 的值，如图 5-5 所示。

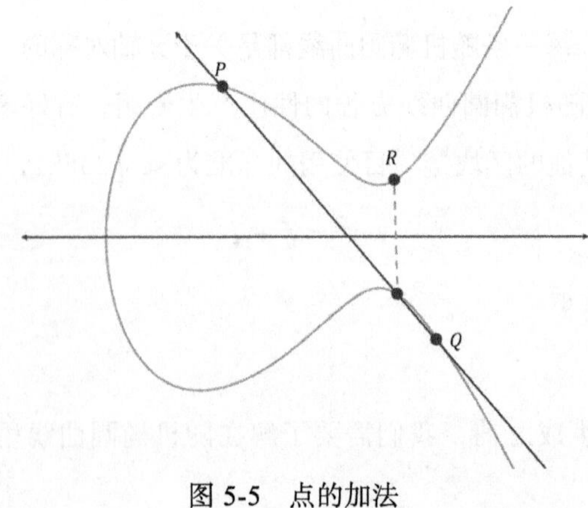

图 5-5 点的加法

2. 点的乘法

有了加法以后，乘法的实现不过是进行多次加法运算而已。有了一个基准点 P 以后，我们可以对其进行乘法运算，最后可以得到曲线上的另外一个点。

对于 secp256k1 来说，如图 5-6 所示这个基准点的坐标为：

```
x坐标：
55066263022277343669578718895168534326250603453777594175500187360389116729240
y坐标：
32670510020758816978083085130507043184471273380659243275938904335757337482424
```

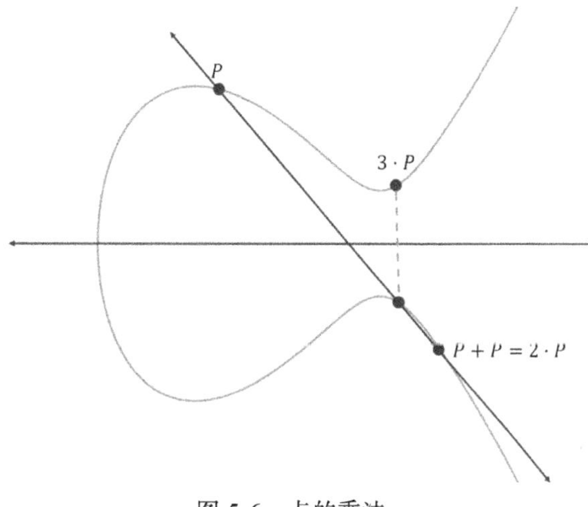

图 5-6　点的乘法

3. 公钥和私钥的生成

点的运算满足结合律：

$$n \cdot P + r \cdot P = (n + r) \cdot P$$

因此对于 $n * P$ 的运算来说，可以利用结合律来降低计算的次数，以 $10P$ 为例，只需要计算 4 次就可以完成：

$$P + P = 2 \cdot P$$

$$2 \cdot P + 2 \cdot P = 4 \cdot P$$

$$4 \cdot P + 4 \cdot P = 8 \cdot P$$

$$2 \cdot P + 8 \cdot P = 10 \cdot P$$

假设随机取一个 0 ~ 256 位之间的值 x，计算 $x * P$，最后的结果一定会落在曲线上的一点。假设该点为 X，在公开 X 以及具体曲线的方程的情况下，能否反推出来最初的随机值 x？先说结论：不能。即使你拥有超级计算机，即使你从宇宙诞生的一刻就开始计算，都不能。下面是论证过程：

寻找 x 的过程只能通过暴力计算，x 的可能值为 $0 \sim 2^{256}-1$ 中的一个，平均来说需要计算 2^{128} 次能够找到一次 x 值。那运行一次 2^{128} 的计算需要多少时间呢？

假设我们使用的是超级计算机，主频为 1THz（一秒钟可进行一万亿次运算），从宇宙诞生的那一刻开始计算，到现在也就进行了 2^{98} 次。找到 x 值的概率为 $2^{98/2}128$ = 1/1073741824。这个概率和下一秒地球被巨型陨石撞击而毁灭的概率接近。既然你已经读到了这里，说明这件事并没有发生。

在上面的案例里，x 是 0 ~ 256 位的一个随机值，可以作为私钥。X 是随机椭圆曲线上的一个点，也就是公钥。

至此我们已经证明了算法的第一个属性：在已知公钥的情况下，无法推导出该公钥对应的私钥。

接下来证明第二个属性：可以通过某些方法来证明某人拥有一个公钥所对应的私钥，而此过程不会暴露关于私钥的任何信息。具体来说就是，如何向别人证明你知道 x 而不暴露任何关于 x 的信息。

我们首先对随机椭圆曲线做一些改动：为了保证最后计算出来的点的坐标值相加是 512 位，secp256k1 引入了一个对质数取模的机制。具体来说，随机椭圆曲线从

$$y^2 = x^3 + ax + b$$

变成了

$$y^2 \bmod p = (x^3 + ax + b) \bmod p$$

其中 $p = 2256 - 232 - 29 - 28 - 27 - 26 - 24 - 1$，是小于 2^{256} 的最大质数。

现在随机椭圆曲线的样子如图 5-7 所示。

4. 数字签名

前面介绍过结合律：

$$n \cdot P + r \cdot P = (n + r) \cdot P$$

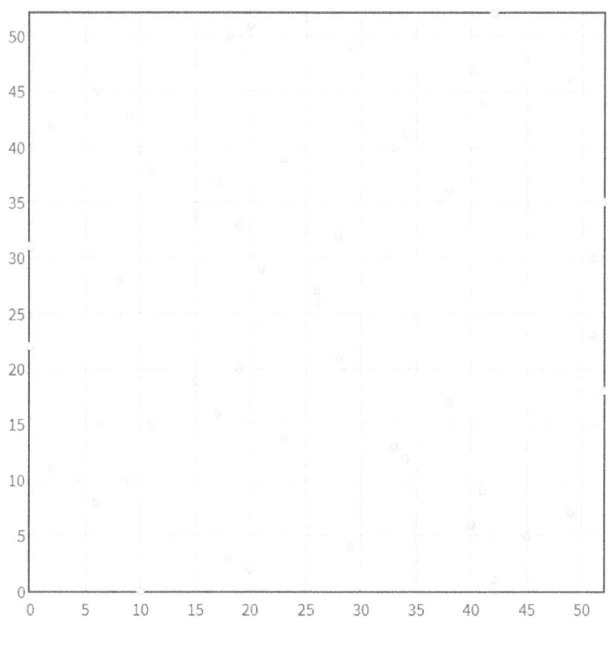

图 5-7　新的随机椭圆曲线

添加一个 hash 函数，简单修改可以得出：

$$\text{hash}(m, r \cdot P) \cdot n \cdot P + r \cdot P = (\text{hash}(m, r \cdot P)*n + r) \cdot P$$

使 $n*P = X$，那么根据上节的内容，n 为 x。此时方程简化为：

$$\text{hash}(m, r \cdot P) \cdot X + r \cdot P = (\text{hash}(m, r \cdot P)*x + r) \cdot P$$

为了简单起见，我们记 $R = r \cdot P$ 和 $s = \text{hash}(m, R)*x + r$。此时方程简化为：

$$\text{hash}(m, R) \cdot X + R = s \cdot P$$

上面的方程是什么意思呢？可以这样假设：在已知 m 的情况下，如果能够提供一个 S 和 R 满足上面的方程，那么就可以证明一个人拥有 x。这个假设有个前提：如果一个人不知道 x，那么他就无法提供 R 和 S 满足上面的等式。

我们来详细探讨一下这个前提：

如果一个人不知道 x，又想计算出 S 和 R，能够办到吗？结论是不能，首先你就无法从 hash(m, R) 计算出 R（在有限时间内）。

还有一个问题：在已知 R 和 S 的情况下，能否计算出关于 x 的任何信息？

根据公式：

$$s = \text{hash}(m, R)*x + r$$

只要解出 $x = (s - r)/\text{hash}(m, R)$ 就好了。

要想计算出 x，就需要知道 r，但是在 r 没有公开的情况下，有什么办法可以计算 r 吗？我们知道 $R = r * P$；但是根据这个无法倒推出 r，所以 x 也是安全的。

至此，我们证明了算法的第二个属性：可以通过某些方法来证明某人拥有一个公钥所对应的私钥，而此过程不会暴露关于私钥的任何信息。

5.2 Asch 的账户生成流程

Asch 的账户生成流程如图 5-8 所示。

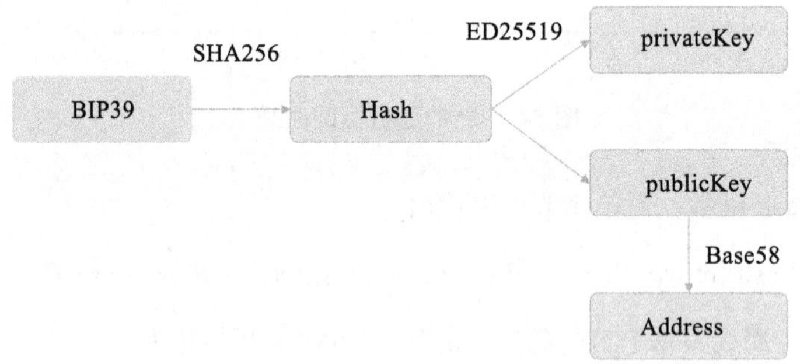

图 5-8 Asch 的账户生成流程

5.2.1 BIP 39

如果读者注册过 Asch 的钱包，就会发现用于登录 Asch 的主密码是一个由 12 个英语单词组成的字符串。这来自于 BIP39 协议，该协议由比特币社区首先在 GitHub 上提出。

BIP39 描述了使用助记码或者助记句子（简称助记词）来生成确定性钱包的方案，主要为了解决私钥难以记忆的问题。所有的助记词都来自于单词列表，其安全性也很高。BIP39 由两个部分构成：1）生成助记词；2）把生成的助记词转化为二进制种子，然后利用这个种子生成确定性的钱包。

在 Asch 中，首先对通过 BIP39 算法生成的助记词进行哈希运算，得到一个哈希值，然后对这个哈希值使用 ED25519 算法生成一对公私钥。然后对公钥基于 Base58 进行运算，添加前缀 'A' 后得到账户地址。代码见 asch-core/src/core/accounts.js。

```
shared.newAccount = (req, cb) => {
  let ent = Number(req.body.ent)
  if ([128, 256, 384].indexOf(ent) === -1) {
    ent = 128
  }
  const secret = new Mnemonic(ent).toString()
   const keypair = ed.MakeKeypair(crypto.createHash('sha256').update(secret,
'utf8').digest())
  const address = self.generateAddressByPublicKey(keypair.publicKey)
  cb(null, {
    secret,
    publicKey: keypair.publicKey.toString('hex'),
    privateKey: keypair.privateKey.toString('hex'),
    address,
  })
}
```

在生成一个符合 BIP39 要求的主密码以后，我们会对这个主密码使用 SHA256 求 hash 值。将这个 hash 值作为种子，使用 ED25519 算法生成密钥对。MakeKeypair 的实现方式如下：

```
MakeKeypair(hash) {
  const keypair = sodium.crypto_sign_seed_keypair(hash)
  return {
    publicKey: keypair.publicKey,
    privateKey: keypair.secretKey,
  };
}
```

generateAddressByPublicKey 这个生成地址的方法是怎么实现的呢？代码里是这么写的：

```
Accounts.prototype.generateAddressByPublicKey = publicKey => addressHelper.
  generateNormalAddress(publicKey)
```

实际代码为：

```
function generateRawBase58CheckAddress(hashes) {
  if (!hashes || !hashes.length) throw new Error('Invalid hashes')
```

```
  let h1 = null
  for (let h of hashes) {
    if (typeof h === 'string') {
      h = Buffer.from(h, 'hex')
    }
    h1 = crypto.createHash('sha256').update(h)
  }
  const h2 = crypto.createHash('ripemd160').update(h1.digest()).digest()
  return base58check.encode(h2)
}
```

生成 Base58check 的地址添加了一个 'A' 作为前缀而已。最后生成的地址格式类似于 APtduJgnXELgwQ66jn9VeHwZMy9kMKckpY。

5.2.2 ED25519

Asch 的签名算法采用了 ED25519 加密算法。ED25519 公钥只有 32 字节，签名只有 64 字节。并且在签名的过程中不依赖随机数生成器，不依赖哈希函数的无碰撞性，也没有时间通道攻击的问题。并且它的签名和验证性能都很高。 Asch 使用了 sodium 库来完成签名与验证：

```
const sodium = require('sodium').api

module.exports = {
  Sign(hash, keypair) {
    return sodium.crypto_sign_detached(hash, Buffer.from(keypair.privateKey,
      'hex'))
  },

  Verify(hash, signatureBuffer, publicKeyBuffer) {
    return sodium.crypto_sign_verify_detached(signatureBuffer, hash,
      publicKeyBuffer)
  },
}
```

5.3 Asch 的账户类型

Asch 系统里根据不同的职能和角色划分了不同的账户类型，目前主要包括普通用户、受托人、代理人以及跨链网关账户等几种类型。

1. 普通用户

系统中的绝大多数用户都是普通用户。普通用户除了拥有最基本的转账权利以外，还可以通过锁仓获取投票权、发行资产等操作。普通用户也可以把自己的投票权转让给代理人。

普通用户的数据都记录在数据表 accounts 中：

```
module.exports = {
  table: 'accounts',
  tableFields: [
    { name: 'address', type: 'String', length: 50, primary_key: true, not_
      null: true },
    { name: 'name', type: 'String', length: 20, index: true },
    { name: 'xas', type: 'BigInt', default: 0 },
    { name: 'publicKey', type: 'String', length: 64 },
    { name: 'secondPublicKey', type: 'String', length: 64 },
    { name: 'isLocked', type: 'Number', default: 0 },
    { name: 'isAgent', type: 'Number', default: 0 },
    { name: 'isDelegate', type: 'Number', default: 0 },
    { name: 'role', type: 'Number', default: 0 },
    { name: 'lockHeight', type: 'BigInt', default: 0 },
    { name: 'agent', type: 'String', length: 50 },
    { name: 'weight', type: 'BigInt', default: 0 },
    { name: 'agentWeight', type: 'BigInt', default: 0 },
  ]
}
```

2. 受托人

受托人是全网共同选举出来的 101 个共同维护网络正常运行的账户 + 服务器节点。他们也从普通用户中诞生，因此基本数据也会记录在 accounts 表里。同时 Asch 还维护了一个单独的 delegates 表，用于记录受托人的产块状态，比如得票率、生产块数以及生产率等：

```
module.exports = {
  table: 'delegates',
  memory: true,
  tableFields: [
    { name: 'address', type: 'String', length: 50, primary_key: true, not_
      null: true },
    { name: 'tid', type: 'String', length: 64, index: true, not_null: true },
    { name: 'name', type: 'String', length: 50, index: true },
```

```
    { name: 'publicKey', type: 'String', length: 64, index: true },
    { name: 'votes', type: 'BigInt', index: true },
    { name: 'producedBlocks', type: 'BigInt' },
    { name: 'missedBlocks', type: 'BigInt' },
    { name: 'fees', type: 'BigInt' },
    { name: 'rewards', type: 'BigInt' }
  ]
}
```

3. 代理人

在 Asch 的新版本中有一个新的角色就是代理人。代理人可以收集普通用户的投票权，作为普通用户的代理人行使投票选举出受托人的权利。

4. 跨链网关用户

跨链也是 Asch 实现的新功能，其中资产在不同区块链之间的流通都是由跨链网关用户来维护：

```
module.exports = {
  table: 'gateway_accounts',
  tableFields: [
    { name: 'address', type: 'String', length: 50, primary_key: true },
    { name: 'seq', type: 'Number' , index: true },
    { name: 'gateway', type: 'String', length: 10, index: true },
    { name: 'outAddress', type: 'String', length: 50, index: true },
    { name: 'attachment', type: 'Text' },
    { name: 'version', type: 'Number' },
    { name: 'createTime', type: 'Number' },
  ]
}
```

关于跨链的实现部分，可以参考本书的第 9 章。

5.4 本章总结

至此本章已经介绍完成了 Asch 的账户体系的实现，基本上都是对数据库相关用户表的增删改查。这个模块其实大部分都是常规 API。读者可以配合 Asch 库下的 src/contract 目录一起阅读，以便更好地梳理出各种账户类型的业务逻辑。

参考资料：

- bips/bip-0039
  https://github.com/bitcoin/bips/blob/master/bip-0039.mediawiki
- BIP39 - Mnemonic Code
  https://iancoleman.io/bip39/#chinese_simplified
- What is the math behind elliptic curve cryptography?
  https://hackernoon.com/what-is-the-math-behind-elliptic-curve-cryptography-f61b25253da3
- Elliptic Curve Cryptography: a gentle introduction
  http://andrea.corbellini.name/2015/05/17/elliptic-curve-cryptography-a-gentle-introduction/
- Bitcoinbook
  https://github.com/bitcoinbook/bitcoinbook/blob/develop/ch04.asciidoc
- elliptic curves - ECDSA, EdDSA and ed25519 relationship / compatibility
  https://crypto.stackexchange.com/questions/58380/ecdsa-eddsa-and-ed25519-relationship-compatibility
- ed25519
  http://ed25519.cr.yp.to/

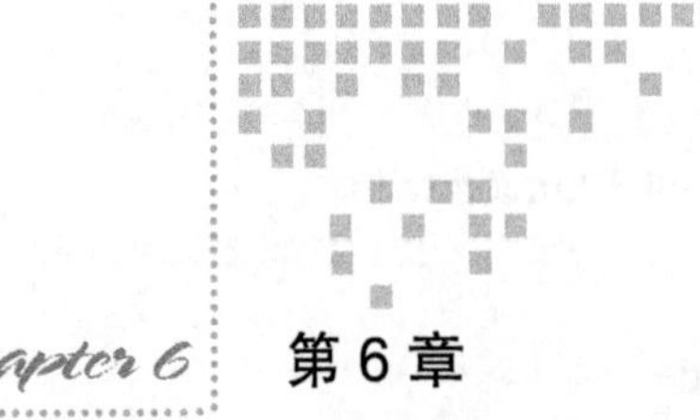

Chapter 6 第6章

共识机制

共识机制是区块链系统的灵魂。但是为什么区块链系统需要共识机制呢？本章将从拜占庭将军问题谈起，一直谈到目前比较流行的 DPoS+PBFT，这也是 Asch 所使用的共识算法。来看看共识机制解决了哪些问题，是如何解决的，最后通过源代码解析来介绍 Asch 的共识机制实现。

6.1 拜占庭将军问题

假设有 9 位将军各自带领军队去攻打一座城池。为了简化问题，每个将军可以指定的作战计划分别为进攻或者撤退，并将自己的决策通过信使传达到所有其他将军那里。为了保证战略的统一（即达成决策的一致性），各位将军采用的是少数服从多数的策略，即综合出所有将军的计划来决定自己这支军队采取的策略。

正常发挥作用时的情况如图 6-1 所示。每位将军都做出进攻或者撤退的决策，其中 5 位将军决定撤退，4 位将军决定进攻。每个将军都收到了其他将军的决策。因此根据少数服从多数的原则，每个将军做出的决定都是撤退。

如果将军之中混入了一个间谍呢？如图 6-2 所示。这位间谍将军可以给不同的将军发送不同的策略来混淆视听，这样就可能破坏最终决策的一致性，使得不同的将军采取不同的策略，来达到破坏军队的目的。

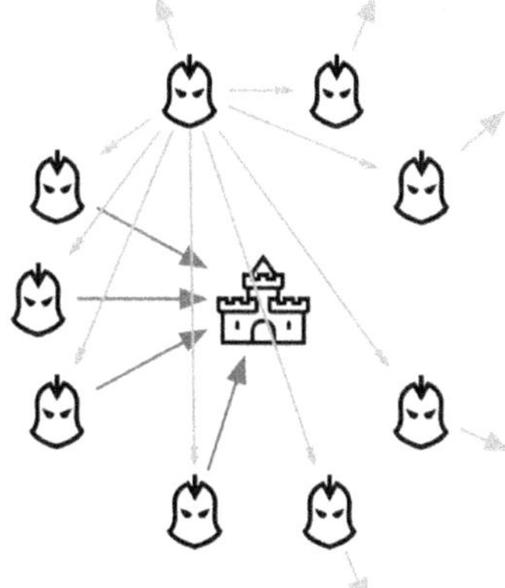

图 6-1 拜占庭将军问题

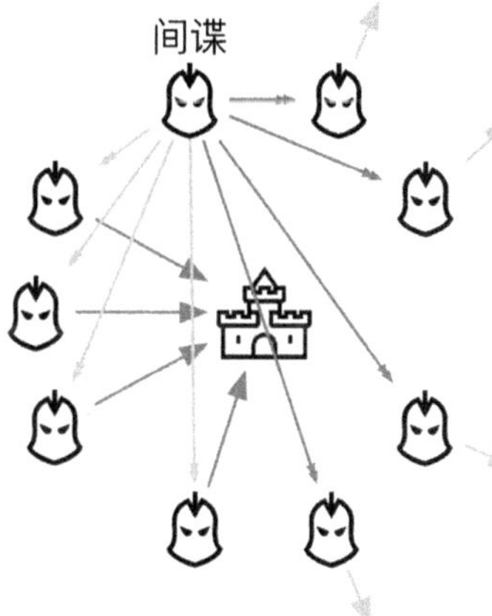

图 6-2 有一个间谍混入之后，对决策的影响

假设间谍将军对 4 位将军发出了“进攻”的决策，对另外 4 位将军发出了“撤退”的决策。这样的结果就是最后有四位将军会进攻，而其他 4 位将军会撤退，而进攻的 4 位将军就会陷入危险的境地。同理，如果没有间谍，而信使被敌人截获的话，也可以达到同样的效果。

那么，有没有一种办法，在即使存在间谍的情况下依然能够达成最后的一致性呢？这就是著名的拜占庭将军问题。目前已经证明的是：如果间谍的数量大于或等于总数的三分之一，那么拜占庭将军问题是无解的。但是小于三分之一是可解的，这种情况下的算法也称为拜占庭容错算法（Byzantine Fault Tolerance，BFT）。

在一个由多个节点组成的分布式网络里，服务器节点可能被黑客攻破，可能故意想要作恶；通信系统可能有数据丢失、演示、重复和乱序的情况。在区块链系统里，节点还可以任意地加入或退出网络。这种情况面临的问题其实也是一个拜占庭将军问题。只不过对应各个将军就是计算机，信使就是通信系统，被感染或者故意作恶的计算机就是间谍。那么区块链作为一个复杂的分布式系统，是如何解决这个问题的呢？在第 1 章介绍的“共识机制”已经提出了多种解决方案，下面继续分析这些方案。

6.2 区块链的共识算法

中本聪在 2008 年发明比特币时提出的共识机制叫做工作量证明（Proof of Work，POW），我们一起来看一下这个机制。在比特币的网络中，每个节点都是平等的。每个节点都维护了一个账本，并且可以参与记账，因此最后的账本可能有多个不同的版本。但是只有在所有人都认可并掌握了同一个账本，才能保证系统数据的一致性。那在这么多账本的可能性之间，如何决定哪个账本是有效的呢？

这个就是工作量证明发挥作用的时候了。工作量证明算法里设置了一个难度值，每个节点都可以生产区块，但是只有满足这个难度值的区块才可以向网络里广播。而求解满足这个难度值的过程是一个暴力破解的过程，和节点的计算能力成正比，因此一个节点只有不停地尝试去求解，一旦找到符合要求的区块就要立马广播到网络里（因此其他节点也可能求解出来并广播）。其他节点在收到区块以后会进行难度值的验证，如果发现符合要求就可以在这个区块的基础上继续求解下一个区块，同时也表示对上一个区块的认可。

这样的话依然可能有多个版本（多条链），因此比特币的所有节点还有一条原则：最长链原则。就是所有节点只认可最长的那条链，因为最长的链肯定也包含了最多的工作量（计算量），也被认为是最安全的链。大家最终都会认可的就是这个最长的链，通过这种方式达到了一致性。

比特币实际上放弃了强一致性，实现的是最终一致性。

6.3 从 DPoS 到 PBFT

工作量证明算法虽然可靠且安全，但是效率比较低（比特币平均每 10 分钟生产一个区块），并且对能源的浪费比较严重。在之后的区块链发展过程中陆续又有不同的共识算法被提出来，其中 2014 年 4 月由当时的 Bitshares 首席开发者 Dan Larimer 提出并实现的委托股权证明算法（Delegates Proof of Stake, DPoS）最为流行。

6.3.1 DPoS 算法

想象这样一家公司：公司员工总数有 1000 人，每个人都持有数额不等的公司股份。每隔一段时间，员工可以把手里的票投向自己最认可的 10 个人来领导公司，其中每个员工的票权和他手里持有的股份数成正比。等所有人投完票以后，得票率最高的 10 个人成为公司的领导。如果有领导能力不胜任或做了不利于公司的事，那员工可以撤销对该领导的投票，让他的得票率无法进入前 10 名，从而退出管理层。这就是对 DPoS 共识机制的一个形象描述。

DPoS 的伪代码实现如下：

```
for round i //分成很多个round，round无限持续
  dlist_i = get N delegates sort by votes //根据投票结果选出得票率最高的N个受托人
  dlist_i = shuffle(dlist_i) //随机改变顺序
  loop //round完了，退出循环
    slot = global_time_offset / block_interval
    pos = slot % N
    if dlist_i[pos] exists in this node //delegate在这个节点
        generateBlock(keypair of dlist_i[pos]) //产生block
    else
        skip
```

在 Asch 链系统中，区块链的正常运转依赖于受托人 (Delegates)，这些受托人是完全等价的。受托人的职责主要有：

- 提供一台节点服务器并保证节点的正常运行。
- 节点服务器收集网络里的交易。
- 节点验证交易，把交易打包到区块。
- 节点广播区块，其他节点验证后把区块添加到自己的数据库。
- 带领并促进区块链项目的发展。

受托人的节点服务器相当于比特币网络里的矿机，在完成本职工作的同时可以领取区块奖励和交易的手续费。

一个区块链项目的受托人个数由项目发起方决定，一般是 101 个受托人。任何一个持币用户都可以参与到投票和竞选受托人这两个过程中。用户可以随时投票、撤票，每个用户投票的权重和自己的持币量成正比。投票和撤票可以随时进行，在每一轮（round）选举结束后，得票率最高的 101（一般为 101，也可以是其他数字，具体由区块链项目方决定）个用户成为该项目的受托人，负责打包区块、维持系统的运转并获得相应的奖励。

选举的根本目的是，通过每个人的投票选举出社区里对项目发展和运行最有利的 101 个用户。这 101 个用户的服务器节点既可以高效维护系统的运转，而他们也会贡献自己的能力促进区块链项目的发展，这有点类似于我国的人民代表制度（但是周期更短、效率更高）。通过这种方式，既达到了去中心化的选举共识，又保证了整个系统的运行效率和减少能源浪费。

目前使用 DPoS 共识机制的区块链项目有很多，比较知名的有 Lisk、EOS、Ark 等。

一个区块链系统只有 DPoS 的话大部分时间是没问题的，也能达到最终的数据一致性。然而它并没有解决拜占庭容错的问题，如果选举出来的受托人故意作恶的话依然会给系统带来很大的风险。为了达到拜占庭容错，后来新出的区块链项目一般都会引入 BFT 方案，比如 EOS 的 DPoS + BFT，Asch 的 DPoS + PBFT。

Asch 的 101 个受托人是全部开放给社区竞选的。任何一个持币人都可以在网页钱包界面注册成为受托人，并且可到社区里拉票。

图 6-3　注册受托人

入口：钱包页面 -> 区块浏览 -> 注册受托人，如图 6-3 所示。

目前 Asch 共有 600 多个持币人注册成为受托人，但是只有得票率前 101 的受托人才有锻造区块并领取奖励的权利，如图 6-4 所示。

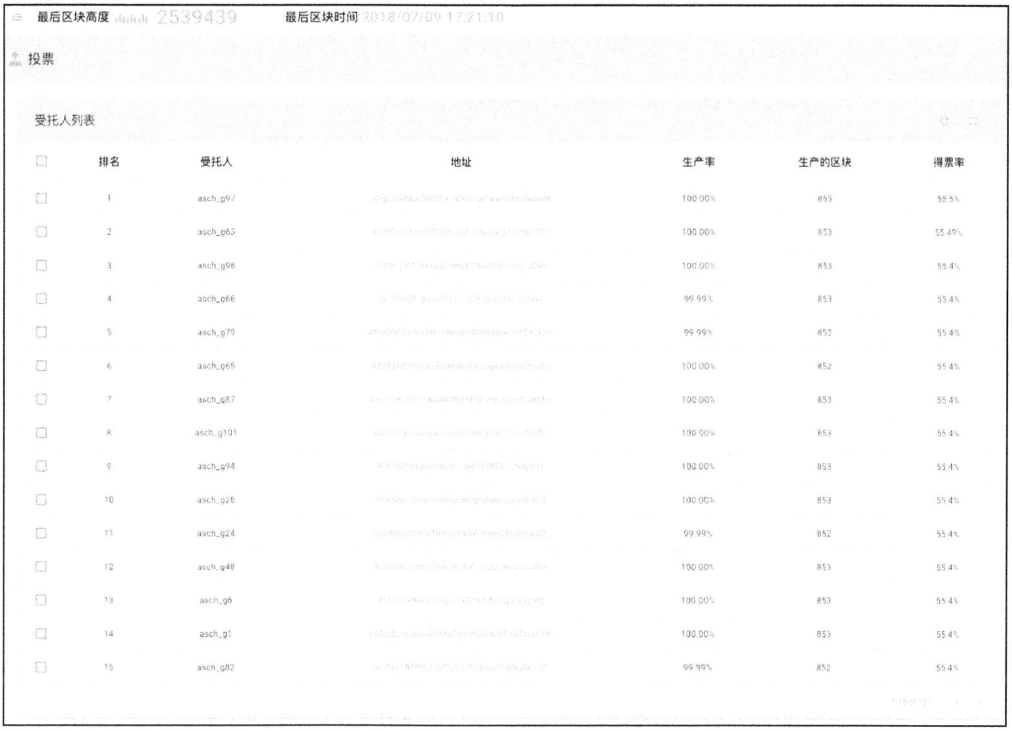

最后区块高度 2539439　最后区块时间 2018/07/09 17:21:10

投票

受托人列表

排名	受托人	地址	生产率	生产的区块	得票率
1	asch_g97	[illegible]	100.00%	853	55.5%
2	asch_g63	[illegible]	100.00%	853	55.49%
3	asch_g96	[illegible]	100.00%	853	55.4%
4	asch_g66	[illegible]	99.99%	853	55.4%
5	asch_g79	[illegible]	99.99%	852	55.4%
6	asch_g65	[illegible]	100.00%	852	55.4%
7	asch_g87	[illegible]	100.00%	853	55.4%
8	asch_g101	[illegible]	100.00%	853	55.4%
9	asch_g94	[illegible]	100.00%	853	55.4%
10	asch_g26	[illegible]	100.00%	853	55.4%
11	asch_g24	[illegible]	99.99%	852	55.4%
12	asch_g48	[illegible]	100.00%	853	55.4%
13	asch_g6	[illegible]	100.00%	853	55.4%
14	asch_g1	[illegible]	100.00%	853	55.4%
15	asch_g82	[illegible]	99.99%	852	55.4%

图 6-4　受托人列表

在图中，我们可以看到受托人的排名、地址、得票率以及生产率的情况。

6.3.2 PBFT 算法

拜占庭容错算法（Practical Byzantine Fault Tolerance，PBFT）在 1999 年由 Miguel Castro 和 Barbara Liskov 提出，解决了原始拜占庭容错算法效率不高的问题，将算法复杂度由指数级降低到多项式级，使得拜占庭容错算法在实际系统应用中变得可行。

PBFT 算法的核心理论是：如果有 F 个故障节点，那么至少有 3F+1 个节点才可以保证系统的正确运行。理解 PBFT 算法需要首先理解下面的概念：

- 客户端（Client）：请求发起方。在区块链里向主节点发起请求的客户端节点，在区块链里往往和主节点是同一个。
- 副本（Replica）：所有参与提供服务的节点。在区块链里就是维护系统运行的全节点。
- 主节点（Primary）：在副本中选出的提供主要服务的节点。在区块链就是区块的生产者，在收到请求以后生成新的区块并广播。
- 备份节点（Backup）：主节点以外的其他节点。在区块链里是区块的验证者，收到区块以后进行验证，然后广播验证结果以形成共识。
- 视图（View）：在一个主节点和多个备份节点之间形成的视图，表示对某个区块进行共识。
- 序列号（Sequence number）：由主节点指定的一个数字。在区块链里可以理解为区块高度。
- 检查点（Checkpoint）：如果某个序列号收到了超过 2/3 的确认，则成为一个检查点。

我们接下来一起来看一下通过 PBFT 形成共识的过程（参见图 6-5）：

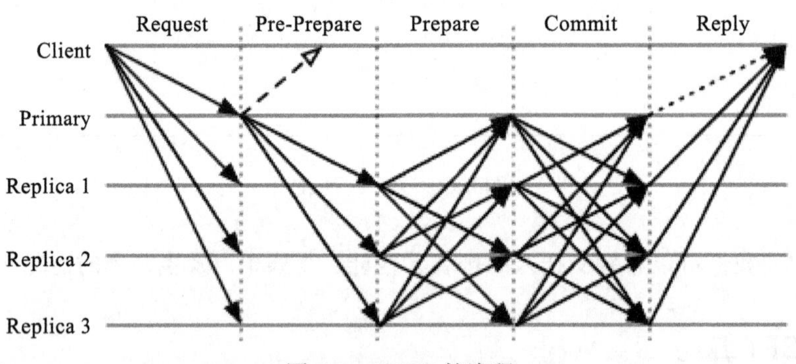

图 6-5 PBFT 的流程

1）request 阶段：在通过 DPoS 确定好一个周期里产块的顺序以后，每个受托人都会分配到一个 slot。受托人轮询时间检查当前是否是自己的 slot，如果是的话就打包这段时间的交易，生产区块并广播。这个受托人就是上面所说的客户端和主节点。

2）pre-prepare 阶段：主节点在生产区块以后，会把自己生产的区块广播给其他节点。

3）prepare 阶段：所有其他不产块的受托人节点在收到新的区块以后，会对其进行验证，并广播自己的验证结果。同时每个节点都等待其他节点的验证结果。

4）commit 阶段：一个节点收到其他节点的验证消息后，会再次广播，表示确认收到来自 2/3 的节点的确认消息了。

5）reply 阶段：达成共识。

在整个过程中，为什么要进行两次广播呢？第一次广播的目的是为了说明“我已经收到这个消息了，并且知道另外也有 2/3 的节点收到这个消息了”。第二次广播是为了说明“我知道有 2/3 的节点对这个区块进行确认了”。

前面说过，如果系统中有 F 个故障节点，那么系统节点的总数只要有 3F+1 才能够保证安全，那么这个 3F + 1 是怎么来的呢？

首先，我们认为如果最后收到 N – F 个确认，就认为共识达成。考虑极端情况，如果所有的间谍 F 都首先返回了确认，那么在这 N – F 个节点里，必须有 F+1 个正常节点，使得 F + 1 > F，系统最终才能做出正确的判断。这时还有没返回确认的 F 个正常节点，这些节点总量加起来，就是 F + 1（正常节点并返回确认）加 F（间谍节点并返回确认）加 F（正常节点未返回确认）等于 3F + 1。

可见，PBFT 是利用通信次数换取信用。每个区块的生产都需要节点间两两交互去核验消息，因此通信代价非常高。

6.4　共识算法源码解读

Asch 采用的共识算法是 DPoS + PBFT，在 Asch 系统里一个区块的生产流程可以概括如下：

1）在受托人 A 锻造区块的时候，负责这一次区块锻造的受托人节点，首先需要用他的签名创建 votes（createVotes）。

2）但是这个受托人节点一般只有一个受托人密钥，所以不满足 101 × 2/3 = 68 这个条件，无法顺利锻造这个区块（hasEnoughVotes）。

3）所以这个受托人只好先把这个锻造的区块 setPendingBlock 暂时寄存起来。

4）然后通过 createPropose 去广播给其他受托人节点，去收集其他受托人节点和该区块有关的签名。

5）其他受托人验证这个 Propose 来路之后纷纷响应，把自己给这个区块的签名 Votes 发回给一开始的受托人 A 。

6）然后受托人 A 一直收集，直到收集到的签名超过了 101 × 2/3 = 68 个之后，再把刚才寄存的 block 通过 getPendingBlock 取出来。

7）继续完成这个 block 的锻造。

共识算法在 Asch 的代码仓库里由多个部分组成，交易的打包、区块的新建都算是共识算法的一部分。不过主要的逻辑都在 asch-core 里的 base/consensus.js 和 core/delegates.js 这两个模块里，区块相关的部分会在下一章进行讲解。下面就介绍这两部分源代码。

6.4.1 base/consensus.js

base/consensus.js 这个模块主要处理共识相关的机制。PBFT 算法里的发起提案、投票确认等都是在这个模块完成的。主要包含的方法为创建投票、验证票数、发起提案等。接下来我们来分析具体的代码。

1. 创建投票（createVotes）

创建投票的代码如下：

```
Consensus.prototype.createVotes = function (keypairs, block) {
  var hash = this.getVoteHash(block.height, block.id);
  var votes = {
    height: block.height,
    id: block.id,
    signatures: []
  };
  keypairs.forEach(function (el) {
    votes.signatures.push({
      key: el.publicKey.toString('hex'),
      sig: ed.Sign(hash, el).toString('hex')
    });
  });
  return votes;
}
```

先根据 block 的高度和 id 算出 hash 值，然后使用当前节点配置里合法的受托人的密钥进行签名，一般一台服务端只配置一个受托人节点。最后返回一个带有当前 block

高度、多个受托人签名的 Votes 。

其实，这里把 Votes 翻译成投票不是非常合理。更准确地说，Votes 就是受托人的记账，后续会在 block 生成的时候使用这个 Vote 去验证，包括新生成一个区块之后，广播到其他节点时需要广播区块信息和这个 Vote 信息给其他节点。这样其他节点都可以验证这个 Vote 和 Block，确保 Block 的锻造过程是由合法的受托人通过正确的方式锻造出来的。

2. 验证要数（hasEnoughVotes）

检查 Votes 是否包含足够多的受托人签名用 hasEnoughVotes：

```
Consensus.prototype.hasEnoughVotes = votes => votes && votes.signatures
  && votes.signatures.length > slots.delegates * 2 / 3
```

目前受托人人数是 101，需要的签名至少 101 × 2/3 = 68 个受托人。也就是说，如果当时在线的受托人人数不满 68 人，则无法让这个区块链正常产块。

3. hasEnoughVotesRemote

Votes 需要包含至少 6 个受托人签名才行。这个判断比上面那个 hasEnoughVotes 要求更轻一些。

4. setPendingBlock

要理解这个函数其实需要先理解 block 的锻造过程（core/blocks.js，下节介绍）。在 block 的锻造过程中，首先会判断 hasEnoughVotes 是否有足够的受托人签名（如上所述，所需受托人签名至少 68 人），但是一般一个受托人节点只会有一个受托人密钥，那其实是在锻造的时候是不满足 >= 68 个签名的要求的，所以会先把锻造的 block 先寄存起来，也就是用 setPendingBlock 寄存起来。然后会用 createPropose 并广播到其他节点，其他节点收到 Propose 之后会调用它们的 createVotes 生成 Votes，然后把 votes 发送回来给 Propose 发起者的 IP 。这样，发起这个 Propose 的节点会收到其他节点的 votes，也就能集齐超过 68 个受托人的 signatures，就有足够的 signatures ，则满足 hasEnoughVotes 的条件，然后再把这个 PendingBlock 取出来，才真正完成这个 block 的区块锻造。

这个过程是达成共识的一个过程，但是在达成共识的等待时间里面，需要这么一个 setPendingBlock 存储中间结果的过程。

5. 发起提案（createPropose）

创建 Propose 以获取其他节点的确认，代码如下：

```
Consensus.prototype.createPropose = (keypair, block, address) => {
  assert(keypair.publicKey.toString('hex') === block.delegate)
  const propose = {
    height: block.height,
    id: block.id,
    timestamp: block.timestamp,
    generatorPublicKey: block.delegate,
    address,
  }
  const hash = self.getProposeHash(propose)
  propose.hash = hash.toString('hex')
  propose.signature = ed.Sign(hash, keypair).toString('hex')
  return propose
}
```

当本节点发现自己受托人签名不满足锻造区块所需签名数量的时候，会通过 createPropose 创建 Propose 并广播到其他节点，收集其他节点的受托人签名。这是 PBFT 的一部分。

6.4.2 core/delegates.js

core/delegates.js 主要负责受托人锻造区块的过程之一，这个过程是 Asch 的核心过程。主要涉及如何选出当前轮值锻造区块的受托人、一些功能函数以及一些和受托人有关的 HTTP API 查询。功能函数按照启动顺序依次为：等待区块链加载完成（onBlockchainReady），加载本节点受托人（loadMyDelegates），循环监听（loop），确定受托人（getBlockSlotData），获取受托人列表（generate Delegatelist）等。下面分别介绍。

1. onBlockchainReady

等待区块链加载的代码如下：

```
Delegates.prototype.onBlockchainReady = () => {
  priv.loaded = true

  priv.loadMyDelegates(function nextLoop(err) {
    if (err) {
```

```
      library.logger.error('Failed to load delegates', err)
    }

    priv.loop(() => {
      setTimeout(nextLoop, 100)
    })
  })
}
```

这个函数基本上可以算是 core/delegates.js 模块的入口函数。主要包含以下两个过程：

- 当区块链从数据库载入完毕之后，调用 loadMyDelegates 载入受托人的密钥对。
- 启动定时器 loop 函数，不停地检查是否轮到自己产块，如果是，则开始产块。

接下来展开讲这两个过程。

2. loadMyDelegates

加载本节点受托人列表，代码如下：

```
priv.loadMyDelegates = (cb) => {
  let secrets = []
  if (library.config.forging.secret) {
    secrets = util.isArray(library.config.forging.secret)
      ? library.config.forging.secret : [library.config.forging.secret]
  }

  return (async () => {
    try {
      const delegates = app.sdb.getAll('Delegate')
      if (!delegates || !delegates.length) {
        return cb('Delegates not found in db')
      }
      const delegateMap = new Map()
      for (const d of delegates) {
        delegateMap.set(d.publicKey, d)
      }
      for (const secret of secrets) {
        const keypair = ed.MakeKeypair(crypto.createHash('sha256').
          update(secret, 'utf8').digest())
        const publicKey = keypair.publicKey.toString('hex')
        if (delegateMap.has(publicKey)) {
          priv.keypairs[publicKey] = keypair
          library.logger.info(`Forging enabled on account: ${delegateMap.
```

```
          get(publicKey).address}`)
        } else {
          library.logger.info(`Delegate with this public key not found:
            ${keypair.publicKey.toString('hex')}`)
        }
      }
      return cb()
    } catch (e) {
      return cb(e)
    }
  })()
}
```

上面的代码主要包括如下几个过程：

1）从配置（比如 config.json）中读取 forging.secret 数组，secret 就是 Asch 受托人的密码（12 个单词组成）。

2）通过 secret 计算出密钥对，用密钥对中的公钥通过 getAccount 获取账号信息。

3）如果该账号是受托人，则把这个密钥对加入 private.keypairs 这个全局变量中，并且会成功打出“ Forging enabled on account:”的日志，这个日志是受托人搭建服务器的时候，启动节点后需要检查的重要日志之一，如果没有这个日志。则代表可能你的配置有错。

所以 loadMyDelegates 其实就是 private.keypairs 这个全局变量的初始化过程，这个全局变量很重要，在 private.keypairs 里面能找到，说明是当前节点里面有效的受托人，这里的有效代表有密钥对，这是锻造区块的必要条件。后面锻造区块的时候就需要用到。

3. loop

循环监听对受托人来说是非常重要的一个方法。受托人的服务器节点要不停地轮询，查看是否轮到自己产块，如果产块则进行下一步的处理。代码：

```
priv.loop = (cb) => {
  if (!priv.forgingEanbled) {
    library.logger.trace('Loop:', 'forging disabled')
    return setImmediate(cb)
  }
  if (!Object.keys(priv.keypairs).length) {
    library.logger.trace('Loop:', 'no delegates')
    return setImmediate(cb)
  }
```

```
  if (!priv.loaded || modules.loader.syncing()) {
    library.logger.trace('Loop:', 'node not ready')
    return setImmediate(cb)
  }

  const currentSlot = slots.getSlotNumber()
  const lastBlock = modules.blocks.getLastBlock()
   // 验证 slot
  if (currentSlot === slots.getSlotNumber(lastBlock.timestamp)) {
    return setImmediate(cb)
  }

  if (Date.now() % 10000 > 5000) {
    library.logger.trace('Loop:', 'maybe too late to collect votes')
    return setImmediate(cb)
  }

  return priv.getBlockSlotData(currentSlot, lastBlock.height + 1, (err,
    currentBlockData) => {
    if (err || currentBlockData === null) {
      library.logger.trace('Loop:', 'skipping slot')
      return setImmediate(cb)
    }

    return library.sequence.add(done => (async () => {
      try {
        if (slots.getSlotNumber(currentBlockData.time) === slots.
          getSlotNumber()
          && modules.blocks.getLastBlock().timestamp < currentBlockData.time) {
          await modules.blocks.generateBlock(currentBlockData.keypair,
            currentBlockData.time)
        }
        done()
      } catch (e) {
        done(e)
      }
    })(), (err2) => {
      if (err2) {
        library.logger.error('Failed generate block within slot:', err2)
      }
      cb()
    })
  })
}
```

loop 函数主要做了以下工作：

1）slots.getSlotNumber 获取当前 slot。

2）modules.blocks.getLastBlock 获取最新区块。

3）通过 getBlockSlotData 找出当前轮到哪个受托人锻造区块，并取出该受托人的密钥对。

4）把第三步中取到的受托人密钥传入 modules.blocks.generateBlock 进行区块的锻造。

总结一下，Loop 函数最重要的就是找出当前需要锻造区块的受托人，然后调用 modules.blocks.generateBlock 进行区块的锻造。至于 modules.blocks.generateBlock 的区块锻造过程，可以参考上一部分。

4. getBlockSlotData

getBlockSlotData 方法用于确定受托人，代码如下：

```
priv.getBlockSlotData = (slot, height, cb) => {
  self.generateDelegateList(height, (err, activeDelegates) => {
    if (err) {
      return cb(err)
    }
    const lastSlot = slots.getLastSlot(slot)

    for (let currentSlot = slot; currentSlot < lastSlot; currentSlot += 1) {
      const delegatePos = currentSlot % slots.delegates

      const delegateKey = activeDelegates[delegatePos]

      if (delegateKey && priv.keypairs[delegateKey]) {
        return cb(null, {
          time: slots.getSlotTime(currentSlot),
          keypair: priv.keypairs[delegateKey],
        })
      }
    }
    return cb(null, null)
  })
}
```

getBlockSlotData 方法主要做了以下几步工作：

1）通过 generateDelegateList 从数据库中找出 101 个 vote 数量最多的账号公钥。

2）通过 slots.getLastBlock 获取下一个 slot，下一个 slot 的计算方式就是当前 slot + 101 ，101 就是受托人的数量。

3）遍历 currentSlot 到 lastSlot 这 101 个 slot，找到第 1 步中对应的受托人账号，如果这个受托人账号已经在我们的 private.keypairs 注册过，则返回对应的 private.keypairs 中的密钥对。

所以这个函数就是先计算现在轮到哪个受托人锻造区块了，如果发现当前需要锻造的受托人密钥就在本节点，则取出该密钥，准备后续的锻造工作。

5. generateDelegateList

generateDelegateList 用于获取受托人列表，代码如下：

```
Delegates.prototype.generateDelegateList = (height, cb) => (async () => {
  try {
    const truncDelegateList = self.getBookkeeper()
    const seedSource = modules.round.calc(height).toString()

    let currentSeed = crypto.createHash('sha256').update(seedSource, 'utf8').
      digest()
    for (let i = 0, delCount = truncDelegateList.length; i < delCount; i++) {
      for (let x = 0; x < 4 && i < delCount; i++, x++) {
        const newIndex = currentSeed[x] % delCount
        const b = truncDelegateList[newIndex]
        truncDelegateList[newIndex] = truncDelegateList[i]
        truncDelegateList[i] = b
      }
      currentSeed = crypto.createHash('sha256').update(currentSeed).digest()
    }

    cb(null, truncDelegateList)
  } catch (e) {
    cb(`Failed to get bookkeeper: ${e}`)
  }
})()
```

generateDelegateList 是 DPoS 的核心部分，主要工作如下：

1）通过 getKeysSortByVote 从数据库中找出 101 个 vote 数量最多的账号公钥。

2）对这 101 个受托人公钥列表进行随机排序。注意这里的随机排序不是完全随机，与当前高度有关，也就是说，对于相同高度的节点，generateDelegateList 进行随机排序后的公钥列表都是一样的。

6. HTTP API

这个部分的 API 主要有以下这些：

- /count：返回当前受托人数量。
- /voters：投票给这个受托人的用户。
- /get：获取指定受托人信息。
- /：获取受托人列表。
- /fee：注册受托人所需的手续费。
- /forging/getForgedByAccount：获取指定账户的锻造区块信息。
- /forging/status：获取指定账户信息的锻造是否开启。

上面的 API 都挂在路由 /api/delegates 下。

还有一些其他方法：

- getActiveDelegateKeypairs：之前介绍的 generateDelegateList 函数是负责把当前排序靠前的受托人获取出来；而 getActiveDelegateKeypairs 函数是在前者的基础之上，同时把满足密钥对能在 private.keypairs 找到受托人。所以这个函数返回的受托人，都是当前节点内有锻造区块资格的受托人。
- fork：这个函数名字看上去很可怕，但是其实这个函数只是在统计分叉的情况，如果发生了发叉，会把分叉原因等信息写入到 forks_stat 数据库中，仅此而已。
- checkDelegates：这个函数用于检查，主要是为了保证每个账户只能投出最多 101 票。

6.5 本章总结

本章的核心在于，理解区块锻造是如何轮询触发的；当区块锻造的时机出现的时候，如何挑选出当前应该锻造区块的受托人并进行区块的生产。

参考资料：

- Delegated Proof-of-Stake Consensus:

https://bitshares.org/technology/delegated-proof-of-stake-consensus/

- DPOS Consensus Algorithm - The Missing White Paper:
  https://steemit.com/dpos/@dantheman/dpos-consensus-algorithm-this-missing-white-paper
- Seeking Consensus on Consensus - DPOS or Delegated Proof of Stake and the Two Generals' Problem:
  https://steemit.com/eos/@iang/seeking-consensus-on-consensus-dpos-or-delegated-proof-of-stake-and-the-two-generals-problem
- pbft 流程深层分析和解释：
  https://blog.csdn.net/kojhliang/article/details/71515199
- EOS 共识机制详解：
  https://www.jianshu.com/p/6a25099ef5e8
- PBFT 实用拜占庭容错演算法深入详解：
  https://tw.saowen.com/a/a92ab374b7ce3366948dae182747f662919efd7282dc87cad75ec32470d98a40

Chapter 7 第7章

区　块

区块是组成区块链的基本单位。一个区块的产生、打包交易、验证以及添加到区块链上往往和这个区块链系统采用的共识机制有关。本章主要介绍 Asch 链上区块的锻造、验证以及添加到区块链上等流程。

7.1 区块链的数据结构

在详细讲解 Asch 链的源码之前，我们首先来介绍一下区块链的数据结构。

中本聪在他的论文《比特币：一个点对点的电子货币系统》里介绍过区块链的数据结构。简单来说，每一个区块里打包了交易数据以及区块的元信息之后，会计算出一个区块的哈希值。每个区块都会记录上一个区块的哈希值，而自己区块的哈希值也会被下一个区块所记录。通过这种类似于哈希指针的方式把一个一个的区块串联起来，共同实现了防篡改的功能，如图 7-1 所示。

那区块链是如何实现防篡改的呢?

如果有一个黑客想要篡改某一个区块的数据，那对这个区块求得的整体哈希值就会变化而被其他节点发现，如图 7-2 所示。如果黑客想要让这笔修改被所有节点都接受，那他需要修改从修改数据以后的所有区块数据，不然总会有区块里存储的

prevBlockHash 和以前的区块对不上。以比特币为例，想要达成这点必须要发起 51% 攻击了。

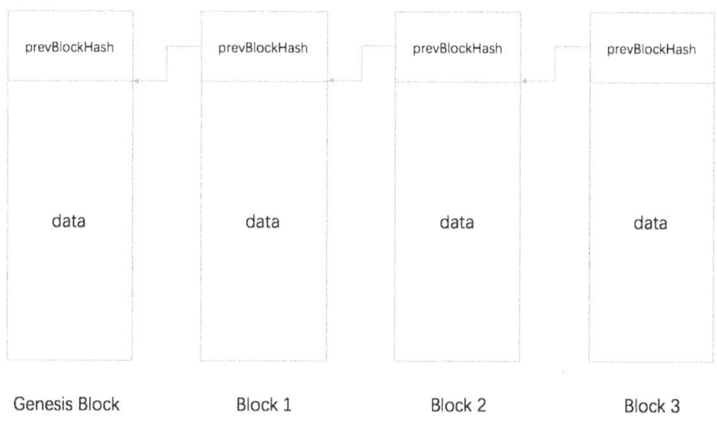

图 7-1　区块通过哈希指针形成的链

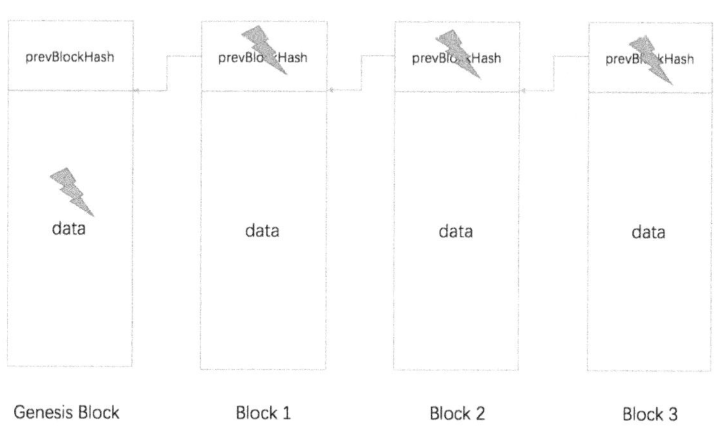

图 7-2　数据被篡改之后的区块链

阿希链也采用了传统的区块链数据结构，阿希链的区块数据和比特币一样，都存储在 LevelDB。

7.2　区块的源码解读

上一章讲解了 Asch 共识机制的原理，主要讲了共识和受托人的部分，本章会继续讲解区块的相关逻辑。Asch 区块相关的逻辑主要在 asch-core 仓库的 base/block.js 以及 core/blocks.js。产块的逻辑和共识算法是密不可分的，因此想要完全理解其中的逻辑，需要结合上一章的内容一起看。

7.2.1 base/block.js

这个模块对外提供的是一些区块相关的工具，主要有以下 API：

- sortTransactions：排序待确认交易。
- create：创建区块的核心逻辑。
- sign：区块签名，需要用到矿工的私钥。
- getBytes：区块的二进制序列函数。
- getHash：根据区块的二进制序列后的字节数组做 sha256 哈希值。
- getId：用 getHash 进行哈希计算后取的十六进制字符串。
- verifySignature：验证签名。
- calculateFee：计算手续费。
- dbSave&dbRead：数据库表区块的读写，转换。
- blockStatus (utils/block-status.js)：获取当前的区块状态。
- calcReward：计算本区块的矿工奖励，只和当前区块高度有关，随着高度越来越高，后续奖励会越来越少。
- getAddressByPublicKey：通过公钥计算地址，常用转换函数之一。

接下来我们讲解一下重点 API 的实现。

1. sortTransactions

前面介绍过，每次产块的时候都会打包当前未确认的交易。但是未确认的交易可能有很多，那如何确定交易的优先级呢？对交易的排序处理就是在这个方法里实现的。具体规则如下：

- 设置二级密码（也是一种转账）优先级最高。
- 转账金额越高，优先级越高。

代码实现如下：

```
Block.prototype.sortTransactions = data => data.transactions.sort((a, b) => {
```

```
  if (a.type === b.type) {
    if (a.type === 1) {
      return 1
    }
    if (b.type === 1) {
      return -1
    }
    return a.type - b.type
  }
  if (a.amount !== b.amount) {
    return a.amount - b.amount
  }
  return a.id.localeCompare(b.id)
})
```

2. create

创建区块的主要逻辑如下：

```
Block.prototype.create = function (data) {
  // 使用 sortTransactions 对目前待确认交易列表进行排序
  var transactions = this.sortTransactions(data);

  // 计算区块高度：根据上一个区块的高度 + 1
  var nextHeight = (data.previousBlock) ? data.previousBlock.height + 1 : 1;

  // 根据区块高度计算这个区块的奖励
  var reward = private.blockStatus.calcReward(nextHeight),
    totalFee = 0, totalAmount = 0, size = 0;

  var blockTransactions = [];
  var payloadHash = crypto.createHash('sha256');

  // 开始遍历待确认交易列表
  for (var i = 0; i < transactions.length; i++) {
    var transaction = transactions[i];

    // 获取本次交易的字节数(普通转账交易的字节数大概是 117)，累加这些字节数
    var bytes = this.scope.transaction.getBytes(transaction);

    // 如果累加的字节数大于阈值 (8M)，则结束遍历
    if (size + bytes.length > constants.maxPayloadLength) {
      break;
    }
```

```
    size += bytes.length;

    // 累加遍历到的交易的手续费，转账金额
    totalFee += transaction.fee;
    totalAmount += transaction.amount;

    blockTransactions.push(transaction);
    // 用每个交易的hash值算出本次区块的hash值
    payloadHash.update(bytes);
  }

  let block = {
    version: 0,
    totalAmount: totalAmount,
    totalFee: totalFee,
    reward: reward,
    payloadHash: payloadHash.digest().toString('hex'),
    timestamp: data.timestamp,
    numberOfTransactions: blockTransactions.length,
    payloadLength: size,
    previousBlock: data.previousBlock.id,
    generatorPublicKey: data.keypair.publicKey.toString('hex'),
    transactions: blockTransactions
  };

  try {
    block.blockSignature = this.sign(block, data.keypair);

    block = this.objectNormalize(block);
  } catch (e) {
    throw Error(e.toString());
  }

  // 赋值区块变量并返回
  return block;
}
```

区块里面的主要字段如下：

- version：目前是固定的 0。
- totalAmount：累计打包交易的总金额。
- totalFee：累加的打包交易的总手续费。
- reward：本次产块给矿工的奖励。

- ❑ payloadHash：区块 hash 值，是通过之前打包的交易计算出来。
- ❑ previousBlock：上一个区块的 id。
- ❑ generatorPublicKey：该区块生产者的公钥。
- ❑ transactions：打包的交易列表。
- ❑ blockSignature：区块签名，签名需要用到当前矿工的私钥，并打包上该区块的主要信息中打出的签名。

下面是一个区块的数据结构示例：


```
{
  "version": 0,
  "totalAmount": 99,
  "totalFee": 10000000,
  "reward": 350000000,
  "payloadHash": "807b83f4b85c21a86449a94fce742844eca8144db177307d382870182
    6c16608",
  "timestamp": 53117160,
  "numberOfTransactions": 1,
  "payloadLength": 117,
  "previousBlock": "55399c10ee7cdb313d40c8f4c87a4253d4590c4fea27d29ccfd6025
    6617f9784",
  "generatorPublicKey": "9423778b5b792a9919b3813e756421ab30d13c4c1743f6a1d2aa
    94b60eae60bf",
  "transactions": [
    {
      "type": 0,
      "amount": 99,
      "fee": 10000000,
      "recipientId": "15748476572381496732",
      "timestamp": 53117146,
      "asset": { },
      "senderPublicKey": "8e5178db2bf10555cb57264c88833c48007100748d593570e01
        3c9b15b17004e",
      "signature": "685fc7a43dc2ffb64e87ed5250d546f73e027a81faf1bd9d060c6333d
        b37a49b47fbabf1d5f072b3320f59b0e87be6255808e270f096d2fd73a3e9d8433d3f0d",
      "id": "807b83f4b85c21a86449a94fce742844eca8144db177307d382870182
        6c16608",
      "senderId": "6518038767050467653"
    }
  ],
  "blockSignature": "ba14abf575a5edc77972299182cfe7340e87fe4677c23ceccf7b12e3
    40684126f8b42432fd3a0e262b2cd92b5d0e793804c9cb2e03029ae3ddb1315b74889103"
}
```

上面的区块包含了一笔转账交易。

3. verifySignature

一个节点在收到其他节点发送过来的区块以后，就会验证改区块的签名。

验证签名的代码如下：

```
Block.prototype.verifySignature = (block) => {
  const remove = 64

  try {
    const data = self.getBytes(block)
    const data2 = Buffer.alloc(data.length - remove)

    for (let i = 0; i < data2.length; i++) {
      data2[i] = data[i]
    }
    // 生成哈希值
    const hash = crypto.createHash('sha256').update(data2).digest()
    const blockSignatureBuffer = Buffer.from(block.signature, 'hex')
    const generatorPublicKeyBuffer = Buffer.from(block.delegate, 'hex')
    // 使用 ed25519 验证签名
    return ed.Verify(hash, blockSignatureBuffer || ' ',   generatorPublic-
      KeyBuffer || ' ')
  } catch (e) {
    throw Error(e.toString())
  }
}
```

验证签名的逻辑基于 ED25519 算法，验证一个区块的公钥、签名等信息是否匹配。

7.2.2 core/blocks.js

上一节讲的是区块的生产及签名等过程。为了完成从区块的生产以及持久化的全过程，中间还需要经历共识的达成、区块的处理等。这一部分的重点就在于区块在共识中如何传递、如何持久化等。

这个模块主要提供了以下 API。

- generateBlock：生产区块。
- onReceiveBlock：收到区块事件后的处理。
- onReceivePropose：收到提案后的处理，这个过程是 PBFT 算法的一部分。

- onReceiveVotes：收到投票后的处理。
- processBlock：区块处理。

1. generateBlock

先来看生产区块的代码：

```
Blocks.prototype.generateBlock = async (keypair, timestamp) => {
  if (library.base.consensus.hasPendingBlock(timestamp)) {
    return null
  }
  // 获取未确认交易列表
  const unconfirmedList = modules.transactions.
    getUnconfirmedTransactionList()
  const payloadHash = crypto.createHash('sha256')
  let payloadLength = 0
  let fees = 0
  for (const transaction of unconfirmedList) {
    fees += transaction.fee
    const bytes = library.base.transaction.getBytes(transaction)

    if ((payloadLength + bytes.length) > 8 * 1024 * 1024) {
      throw new Error('Playload length outof range')
    }
    payloadHash.update(bytes)
    payloadLength += bytes.length
  }
  const height = priv.lastBlock.height + 1
  const block = {
    version: 0,
    delegate: keypair.publicKey.toString('hex'),
    height,
    prevBlockId: priv.lastBlock.id,
    timestamp,
    transactions: unconfirmedList,
    count: unconfirmedList.length,
    fees,
    payloadHash: payloadHash.digest().toString('hex'),
    reward: priv.blockStatus.calcReward(height),
  }
  // 对区块进行签名
  block.signature = library.base.block.sign(block, keypair)
  block.id = library.base.block.getId(block)
```

```
  let activeKeypairs
  try {
// 获取受托人密钥
    activeKeypairs = await PIFY(modules.delegates.getActiveDelegateKeypairs)
      (block.height)
  } catch (e) {
    throw new Error(`Failed to get active delegate keypairs: ${e}`)
  }

  const id = block.id
  assert(activeKeypairs && activeKeypairs.length > 0, 'Active keypairs should
    not be empty')
  library.logger.info(`get active delegate keypairs len: ${activeKeypairs.
    length}`)
  const localVotes = library.base.consensus.createVotes(activeKeypairs,
    block)
  // 验证签名是否足够
  if (library.base.consensus.hasEnoughVotes(localVotes)) {
    modules.transactions.clearUnconfirmed()
    await self.processBlock(block, { local: true, broadcast: true, votes:
      localVotes })
    library.logger.info(`Forged new block id: ${id}, height: ${height},
      round: ${modules.round.calc(height)}, slot: ${slots.getSlotNumber
      (block.timestamp)}, reward: ${block.reward}`)
    return null
  }
  // 获取节点公网 IP 地址
  if (!library.config.publicIp) {
    library.logger.error('No public ip')
    return null
  }
  const serverAddr = `${library.config.publicIp}:${library.config.peerPort}`
  let propose
  try {
    // 创建 propose
    propose = library.base.consensus.createPropose(keypair, block,
      serverAddr)
  } catch (e) {
    library.logger.error('Failed to create propose', e)
    return null
  }
  library.base.consensus.setPendingBlock(block)
  library.base.consensus.addPendingVotes(localVotes)
  priv.proposeCache[propose.hash] = true
  priv.isCollectingVotes = true
```

```
    library.bus.message('newPropose', propose, true)
    return null
  }
```

generateBlock 主要是在受托人产块中被调用的功能函数。受托人产块过程其实已经在上一章里说过，是非常重要的一个过程。 在此可以再梳理一遍整个流程：

1）获取当前待确认的交易列表（最多 N 个）。

2）如果当前还有 pendingBlock 的话，则说明还没有达成共识，则停止这个产块流程。

3）遍历第 1 步获取到的待确认交易列表。

4）通过交易的 senderPublicKey 从 getAccount 中获取该用户信息。

5）如果该交易已经到位（ready）了（对于多重签名的交易，需要等到所有签名都到位才算 ready）。

6）base.transactions.verify 验证该交易，如果验证通过，则放入 ready 数组。

7）base.block.create 创建新的区块，并且打包步骤 3 里面验证过的交易列表。

8）verifyBlock 验证新创建的区块。

9）获取本节点的受托人密钥对。

10）base.consensus.createVotes 用这些密钥对创建 localVotes。

11）base.consensus.hasEnoughVotes 检查创建的 votes 是否足够。

12）如果 votes 足够，则顺利产块；如果不足够，就需要用 createPropose 去收集其他节点的 votes，直到达成共识。

2. onReceiveBlock

区块链里分为产块节点和同步节点。一个同步节点在收到区块以后怎么处理呢？这就是 onReceiveBlock 要做的事情。先来看代码：

```
Blocks.prototype.onReceiveBlock = (block, votes) => {
  if (modules.loader.syncing() || !priv.loaded) {
    return
  }

  if (priv.blockCache[block.id]) {
    return
  }
```

```
priv.blockCache[block.id] = true

// 添加到序列
library.sequence.add((cb) => {
  if (block.prevBlockId === priv.lastBlock.id && priv.lastBlock.height + 1
    === block.height) {
    library.logger.info(`Received new block id: ${block.id}` +
      ` height: ${block.height}` +
      ` round: ${modules.round.calc(modules.blocks.getLastBlock().height)}` +
      ` slot: ${slots.getSlotNumber(block.timestamp)}`)
    return (async () => {
      const pendingTrsMap = new Map()
      try {
        // 获取交易列表
        const pendingTrs = modules.transactions.
          getUnconfirmedTransactionList()
        for (const t of pendingTrs) {
          pendingTrsMap.set(t.id, t)
        }
        modules.transactions.clearUnconfirmed()
        await app.sdb.rollbackBlock()
        await self.processBlock(block, { votes, broadcast: true })
      } catch (e) {
        library.logger.error('Failed to process received block', e)
      } finally {
        for (const t of block.transactions) {
          pendingTrsMap.delete(t.id)
        }
        try {
          const redoTransactions = [...pendingTrsMap.values()]
          await modules.transactions.processUnconfirmedTransactionsAsync(re
            doTransactions)
        } catch (e) {
          library.logger.error('Failed to redo unconfirmed transactions', e)
        }
        cb()
      }
    })()
  } if (block.prevBlockId !== priv.lastBlock.id
    && priv.lastBlock.height + 1 === block.height) {
    // 分叉情况下的处理
    modules.delegates.fork(block, 1)
    return cb('Fork')
  } if (block.prevBlockId === priv.lastBlock.prevBlockId
```

```
      && block.height === priv.lastBlock.height
      && block.id !== priv.lastBlock.id) {
      modules.delegates.fork(block, 5)
      return cb('Fork')
    } if (block.height > priv.lastBlock.height + 1) {
      library.logger.info(`receive discontinuous block height ${block.
        height}`)
      modules.loader.startSyncBlocks()
      return cb()
    }
    return cb()
  })
}
```

在一个节点收到新区块的时候，会有以下几种情况：

- 新区块的父区块就是当前节点的区块，并且高度也是当前节点高度 +1，说明新区块就是我们要的，则调用 processBlock 对这个区块进行后续操作。
- 新区块高度是当前节点区块高度 +1，但是父区块不是我们的当前区块，说明发生了分叉，则调用 module.delegates.fork 进行分叉记录。
- 新区块的父区块是当前节点区块的父区块，高度也是当前高度，说明发生了分叉，这个新区块就是当前区块的兄弟区块，也调用 module.delegates.fork 进行分叉记录，但记录的分叉原因和上一个不同。
- 新区块的高度大于当前节点高度 +1，则说明当前节点的区块高度不够，则调用 module.loader.startSyncBlocks 进行区块同步。

其他情况则什么都不做。

3. onReceivePropose

根据上一章的内容我们知道，一个节点在产块的时候需要发起 propose，获取其他节点的确认才可以进行接下来的操作，这也是 PBFT 算法的一部分。

代码如下：

```
Blocks.prototype.onReceivePropose = (propose) => {
  if (modules.loader.syncing() || !priv.loaded) {
    return
  }
  if (priv.proposeCache[propose.hash]) {
    return
```

```
  }
  priv.proposeCache[propose.hash] = true

  library.sequence.add((cb) => {
    if (priv.lastPropose && priv.lastPropose.height === propose.height
      && priv.lastPropose.generatorPublicKey === propose.generatorPublicKey
      && priv.lastPropose.id !== propose.id) {
      library.logger.warn(`generate different block with the same height,
        generator: ${propose.generatorPublicKey}`)
      return setImmediate(cb)
    }
    if (propose.height !== priv.lastBlock.height + 1) {
      library.logger.debug('invalid propose height', propose)
      if (propose.height > priv.lastBlock.height + 1) {
        library.logger.info(`receive discontinuous propose height ${propose.
          height}`)
        modules.loader.startSyncBlocks()
      }
      return setImmediate(cb)
    }
    if (priv.lastVoteTime && Date.now() - priv.lastVoteTime < 5 * 1000) {
      library.logger.debug('ignore the frequently propose')
      return setImmediate(cb)
    }
    library.logger.info(`receive propose height ${propose.height} bid
      ${propose.id}`)
    return async.waterfall([
// 进行投票
      (next) => {
        modules.delegates.validateProposeSlot(propose, (err) => {
          if (err) {
            next(`Failed to validate propose slot: ${err}`)
          } else {
            next()
          }
        })
      },
      (next) => {
        library.base.consensus.acceptPropose(propose, (err) => {
          if (err) {
            next(`Failed to accept propose: ${err}`)
          } else {
            next()
          }
```

```
          })
        },
        (next) => {
  // 获取受托人密钥
          modules.delegates.getActiveDelegateKeypairs(propose.height, (err,
            activeKeypairs) => {
            if (err) {
              next(`Failed to get active keypairs: ${err}`)
            } else {
              next(null, activeKeypairs)
            }
          })
        },
        (activeKeypairs, next) => {
          if (activeKeypairs && activeKeypairs.length > 0) {
            const votes = library.base.consensus.createVotes(activeKeypairs,
              propose)
            library.logger.debug(`send votes height ${votes.height} id ${votes.
              id} sigatures ${votes.signatures.length}`)
    // 发送投票
            modules.transport.sendVotes(votes, propose.address)
            priv.lastVoteTime = Date.now()
            priv.lastPropose = propose
          }
          setImmediate(next)
        },
      ], (err) => {
        if (err) {
          library.logger.error(`onReceivePropose error: ${err}`)
        }
        library.logger.debug('onReceivePropose finished')
        cb()
      })
    })
  }
```

onReceivePropose 是共识达成的过程之一。onReceivePropose 先会做如下异常检查：

- 如果新的 propose 高度和当前 propose 高度一致，但是 id 不一致，则打出 warn 日志。
- 新 propose 高度不等于当前 propose 高度 +1，则认为是无效。进一步，如果新 propose 高度大于当前 propose 高度 +1，认为是无效的同时，还会调用 modules.loader.startSyncBlocks 开始同步区块。

- 如果最新一次 vote 的时间（这里的 vote 就是对 propose 的投票）在 5 秒之内，则认为 propose 过于频繁，忽略。

如果以上检查都通过，则开始走下面流程：

1）bus.message(“newPropose”…) 发出新 propose 来临的事件。

2）modules.delegates.validateProposeSlot 验证此 propose slot 是否有效。

3）base.consensus.acceptPropose 接受这个新 propose。

4）modules.delegates.getActiveDelegateKeypairs 获取本节点的受托人密钥对。

5）base.consensus.createVotes 使用本节点的受托人密钥对创建对 propose 的投票。

6）把 vote 发送给 propose 发起者。

这里的 votes 和用户通过在线钱包对受托人进行投票不是同一个含义，需要区分清楚。

4. onReceiveVotes

在其他节点对某个要生产的区块进行投票以后，产块节点需要随时处理投票的情况。如果票数足够的话则进行区块处理。

代码如下：

```
Blocks.prototype.onReceiveVotes = (votes) => {
  if (modules.loader.syncing() || !priv.loaded) {
    return
  }
  library.sequence.add((cb) => {
    const totalVotes = library.base.consensus.addPendingVotes(votes)
    if (totalVotes && totalVotes.signatures) {
      library.logger.debug(`receive new votes, total votes number
        ${totalVotes.signatures.length}`)
    }
    // 验证是否有足够的票数
    if (library.base.consensus.hasEnoughVotes(totalVotes)) {
      const block = library.base.consensus.getPendingBlock()
      const height = block.height
      const id = block.id
      return (async () => {
        try {
          modules.transactions.clearUnconfirmed()
          await self.processBlock(block, { votes: totalVotes, local: true,
            broadcast: true })
```

```
          library.logger.info(`Forged new block id: ${id}, height: ${height},
            round: ${modules.round.calc(height)}, slot: ${slots.
            getSlotNumber(block.timestamp)}, reward: ${block.reward}`)
        } catch (err) {
          library.logger.error(`Failed to process confirmed block height:
            ${height} id: ${id} error: ${err}`)
        }
        cb()
      })()
    }
    return setImmediate(cb)
  })
}
```

这个方法主要做了两件事：

- base.consensus.addPendingVotes 把收到的票先暂存起来。
- base.consensus.hasEnoughVotes 判断目前收到的票是否已经足够。如果已经有足够的票了，则 base.consensus.getPendingBlock 把之前暂存的区块再拿出来，开始进行区块处理（processBlock）。

5. processBlock

产块节点在收集到足够的票数以后，接下来要怎么处理呢？代码如下所示：

```
Blocks.prototype.processBlock = async (b, options) => {
  if (!priv.loaded) throw new Error('Blockchain is loading')

  let block = b
  app.sdb.beginBlock(block)

  if (!block.transactions) block.transactions = []
  if (!options.local) {
    try {
      block = library.base.block.objectNormalize(block)
    } catch (e) {
      library.logger.error(`Failed to normalize block: ${e}`, block)
      throw e
    }
    // 验证区块
    await self.verifyBlock(block, options)

    library.logger.debug('verify block ok')
    if (block.height !== 0) {
```

```
      const exists = (undefined !== await app.sdb.getBlockById(block.id))
      if (exists) throw new Error(`Block already exists: ${block.id}`)
    }

    if (block.height !== 0) {
      try {
        await PIFY(modules.delegates.validateBlockSlot)(block)
      } catch (e) {
        library.logger.error(e)
        throw new Error(`Can't verify slot: ${e}`)
      }
      library.logger.debug('verify block slot ok')
    }

    for (const transaction of block.transactions) {
      library.base.transaction.objectNormalize(transaction)
    }
    const idList = block.transactions.map(t => t.id)
    if (await app.sdb.exists('Transaction', { id: { $in: idList } })) {
      throw new Error('Block contain already confirmed transaction')
    }

    app.logger.trace('before applyBlock')
    try {
      await self.applyBlock(block, options)
    } catch (e) {
      app.logger.error(`Failed to apply block: ${e}`)
      throw e
    }
  }

  try {
    self.saveBlockTransactions(block)
    await self.applyRound(block)
    await app.sdb.commitBlock()
    const trsCount = block.transactions.length
    app.logger.info(`Block applied correctly with ${trsCount} transactions`)
    self.setLastBlock(block)

    if (options.broadcast) {
      options.votes.signatures = options.votes.signatures.slice(0, 6)
      library.bus.message('newBlock', block, options.votes)
    }
    library.bus.message('processBlock', block)
```

```
    } catch (e) {
      app.logger.error(block)
      app.logger.error('save block error: ', e)
      await app.sdb.rollbackBlock()
      throw new Error(`Failed to save block: ${e}`)
    } finally {
      priv.blockCache = {}
      priv.proposeCache = {}
      priv.lastVoteTime = null
      priv.isCollectingVotes = false
      library.base.consensus.clearState()
    }
  }
```

processBlock 主要有以下步骤：

1）用 base.block.sortTransactions 排序区块的交易列表。

2）用 verifyBlock 进行验证区块。

3）数据库里查询该 block 信息，如果 block 已存在则报错返回。

4）用 modules.delegates.validateBlockSlot 验证区块 slot，如果验证没通过，则记录这次是分叉，并报错返回。

5）从数据库查询该交易信息，如果交易已存在则报错返回。

6）用 base.transactions.verify 验证该交易。

7）执行 applyBlock 使该区块生效。

processBlock 的最后一步是调用 applyBlock 继续对区块进行处理。applyBlock 的代码如下：

```
Blocks.prototype.applyBlock = async (block) => {
  app.logger.trace('enter applyblock')
  const appliedTransactions = {}
    // 处理交易
  try {
    for (const transaction of block.transactions) {
      if (appliedTransactions[transaction.id]) {
        throw new Error(`Duplicate transaction in block: ${transaction.id}`)
      }
      await modules.transactions.applyUnconfirmedTransactionAsync(transaction)

      appliedTransactions[transaction.id] = transaction
    }
```

```
  } catch (e) {
    app.logger.error(e)
    await app.sdb.rollbackBlock()
    throw new Error(`Failed to apply block: ${e}`)
  }
}
```

首先验证交易是否存在，如果没有交易则调用 modules.transactions.applyUnconfirmedTransactionAsync(transaction) 处理。

所以每次产生区块的函数调用过程是：

```
generateBlock -> processBlock -> applyBlock
```

7.3 本章总结

区块的生产流程是 Asch 链系统中的核心流程。本章介绍的与区块相关的各种流程在上一章的共识机制里也有所涉及。建议读者将这两个部分一起阅读，会对共识机制和区块相关的流程有一个更清楚的了解。

参考资料：

- Asch 代码仓库：http://github.com/AschPlatform/

第 8 章 Chapter 8

交　易

在上一章里，我们介绍了区块创建的核心流程，而交易的核心流程和区块如出一辙，只不过交易是更泛化的概念，含义比较广，可以代表转账、投票等类型，区别在于转账的类型以及参数不同。交易部分的代码量更多，本章会介绍 Asch 交易相关的详细流程。

8.1　Asch 上的交易类型

在 Asch 系统里，所有对区块链进行写操作（除了打包区块）的过程都可以抽象为某一类的交易，比如投票、锁仓、设置二级密码等，普通的转账也只不过是其中一个类型的交易而已。Asch 的交易类型主要如下。

- basic：基本类型，包括转账、设置昵称、锁仓、设置二级密码等。
- uia：创建自定义资产相关，包括注册发行商、发行资产、资产转账等。
- chain：注册 DApp 应用链相关，包括注册应用、替换受托人、对应用的充值和提现等。
- proposal：提案相关。
- gateway：跨链网关相关，共同维护跨链交易的建立。

- group：理事会相关，包括激活、增加成员、替换成员等。
- contract：智能合约相关，包括合约的注册、调用和支付等。
- exchange：Bancor 锚定相关。

上面所有的交易类型都可以在 asch-core 仓库的 src/runtime.js 文件里进行查询：

```
app.contractTypeMapping[1] = 'basic.transfer'
app.contractTypeMapping[2] = 'basic.setName'
app.contractTypeMapping[3] = 'basic.setPassword'
app.contractTypeMapping[4] = 'basic.lock'
app.contractTypeMapping[5] = 'basic.unlock'
app.contractTypeMapping[6] = 'basic.registerGroup'
app.contractTypeMapping[7] = 'basic.registerAgent'
app.contractTypeMapping[8] = 'basic.setAgent'
app.contractTypeMapping[9] = 'basic.cancelAgent'
app.contractTypeMapping[10] = 'basic.registerDelegate'
app.contractTypeMapping[11] = 'basic.vote'
app.contractTypeMapping[12] = 'basic.unvote'
```

对每种交易类型，都需要哪些参数呢？在 asch 仓库的 asch/src/contract 目录里，根据不同的交易类型查找到对应的合约（注意，这个目录里的合约与由用户开发的部署在 Asch 主链上的智能合约不是一回事），就可以获取到每种交易类型的参数。

8.2 交易的生命周期及其实现

区块链虽然是由一个一个的区块组成的，但是区块里面的交易才赋予了区块链意义。一笔交易从创建到最终被打包到区块可以分为以下几个过程：

1）创建交易。

2）广播交易，把交易广播到区块链网络。

3）验证交易，由其他节点验证交易。

4）写入区块链。

交易相关的代码基本上在 asch-core 仓库的 src/base/transaction.js 和 src/core/transactions.js 两个模块。接下来我们会分析交易在整个生命周期里的代码实现。

8.2.1 创建交易

创建交易的代码在 src/base/transaction.js 模块，具体代码如下：

```
Transaction.prototype.create = (data) => {
  const trs = {
    type: data.type, // 交易类型
    senderId: data.senderId, // 发起人
    senderPublicKey: data.keypair.publicKey.toString('hex'), // 发起人的公钥
    timestamp: slots.getTime(), // 时间戳
    message: data.message, // 备注
    args: data.args, // 参数
    fee: data.fee,   // 交易费
    mode: data.mode, // 交易模式
  }
  const signerId = addressHelper.generateNormalAddress(trs.senderPublicKey)
  if (transactionMode.isDirectMode(trs.mode)) {
    trs.senderId = signerId
  } else if (transactionMode.isRequestMode(trs.mode)) {
    if (!trs.senderId) throw new Error('No senderId was provided in request
      mode')
    trs.requestorId = signerId
  } else {
    throw new Error('Unexpected transaction mode')
  }
   // 签名交易
  trs.signatures = [self.sign(data.keypair, trs)]

  if (data.secondKeypair) {
    trs.secondSignature = self.sign(data.secondKeypair, trs)
  }

  trs.id = self.getId(trs)

  return trs
}
```

创建交易（这里的交易是泛指，含转账、设置密码、投票等类型），具体类型可以在 attachAssetType 里配置。

这里需要注意的是：创建交易的过程既可以在服务端完成，也可以在客户端完成。如果需要在服务端创建交易的话，那么用户需要把自己的私钥通过网络传输到服务端。而网络环境并不是安全的，因此这种方式有风险。Asch 在 asch-js 模块提供了客户端本地创建交易的方法。用户在本地创建完交易以后可以把签名好的交易发送给服务端来验证，这是一种更安全的方式。使用 asch-js 创建交易的代码如下：

```
const doTransaction = (address, amount) =>  {
  // 创建交易
  const password = 'your master password'
  const secondPassword = 'password'
  const message = 'you message'
  const transaction = asch.transaction.createTransaction(address, amount*1e8,
message, password, secondPassword);
  const reqData = JSON.stringify({"transaction":transaction});
  // 封装交易
  const post_options = {
    host: 'mainnet.asch.io',
    port: '80',
    path: '/peer/transactions',
    method: 'POST',
    headers: {
      'Content-Type': 'application/json',
      'Content-Length': reqData.length,
      'version':'',
      'magic':'5f5b3cf5'
    }
  }

  var post_req = http.request(post_options, function(req, res) {
    var html = '';
    req.on('data', function (data) {
      html += data;
    });
    req.on('end', function () {
      json = JSON.parse(html);
    });
  });

  // post the data
  post_req.write(reqData);
  post_req.end();
}
```

交易的签名比较简单，就是使用用户的私钥然后用 SHA256 算法对交易进行签名。

```
Transaction.prototype.sign = (keypair, trs) => {
  const hash = crypto.createHash('sha256').update(self.getBytes(trs, true,
    true)).digest()
  return ed.Sign(hash, keypair).toString('hex')
}
```

上面的代码展示了如何在本地创建 交易并签名，接下来这笔交易就需要广播出去了。

8.2.2 广播交易

一个节点在创建完交易以后就会把这笔交易广播给其他的节点。其他节点在收到这笔交易后，会首先加入到本节点的 Transaction Pool 然后进行处理。

在 asch-core 的 src/core/transactions.js 的 addTransactionUnsigned 方法里，交易在创建完以后会产生一个事件：

```
library.bus.message('unconfirmedTransaction', trs)
```

这个事件被监听到以后，会对交易进行广播：

```
Transport.prototype.onUnconfirmedTransaction = (transaction) => {
  const message = {
    body: {
      transaction: JSON.stringify(transaction),
    },
  }
  self.broadcast('transaction', message)
}
```

其他节点收到广播过来的交易以后，就需要进行验证了。

8.2.3 验证交易

一笔交易的验证分为好多个部分，首先会验证交易的时间戳、交易费、类型和参数等，然后会对交易的签名进行验证。

以下是基本的验证逻辑：

```
Transaction.prototype.verify = async (context) => {
  const { trs, sender, requestor } = context
  // 验证时间戳
  if (slots.getSlotNumber(trs.timestamp) > slots.getSlotNumber()) {
    return 'Invalid transaction timestamp'
  }
  // 验证类型
  if (!trs.type) {
    return 'Invalid function'
```

```
  }
  // 验证交易费
  const feeCalculator = feeCalculators[trs.type]
  if (!feeCalculator) return 'Fee calculator not found'
  const minFee = 100000000 * feeCalculator(trs)
  if (trs.fee < minFee) return 'Fee not enough'

  try {
    // 根据交易的类型选择合适的函数对签名进行验证
    const bytes = self.getBytes(trs, true, true)
    if (trs.senderPublicKey) {
      const error = self.verifyNormalSignature(trs, requestor, bytes)
      if (error) return error
    } else if (!trs.senderPublicKey && trs.signatures && trs.signatures.
      length > 1) {
      const ADDRESS_TYPE = app.util.address.TYPE
      const addrType = app.util.address.getType(trs.senderId)
      if (addrType === ADDRESS_TYPE.CHAIN) {
        const error = await self.verifyChainSignature(trs, sender, bytes)
        if (error) return error
      } else if (addrType === ADDRESS_TYPE.GROUP) {
        const error = await self.verifyGroupSignature(trs, sender, bytes)
        if (error) return error
      } else {
        return 'Invalid account type'
      }
    } else {
      return 'Faied to verify signature'
    }
  } catch (e) {
    library.logger.error('verify signature excpetion', e)
    return 'Faied to verify signature'
  }
  return undefined
}
```

验证签名的函数有：verifyNormalSignature、verifyChainSignature、verifyGroupSignature 等，验证逻辑基本类似，我们来看最简单的 verifyNormalSignature 的代码：

```
Transaction.prototype.verifyNormalSignature = (trs, requestor, bytes) => {
  if (!self.verifyBytes(bytes, trs.senderPublicKey, trs.signatures[0])) {
    return 'Invalid signature'
  }
  if (requestor.secondPublicKey) {
```

```
    if (!trs.secondSignature) return 'Second signature not provided'
    if (!self.verifyBytes(bytes, requestor.secondPublicKey, trs.
      secondSignature)) {
      return 'Invalid second signature'
    }
  }
  return undefined
}
```

原理基本上是先对交易做基本的验证，如果用户设置二级密码的话再进行二次验证。

8.2.4 写入区块链

交易在验证通过以后，接下来就是处理交易准备写入区块了。处理交易的流程主要由 src/core/transactions.js 里的 processUnconfirmedTransactionAsync 和 applyUnconfirmedTransactionAsync 函数来完成。基本逻辑是验证完以后调用 src/base/transaction.js 里的 apply 函数。我们来看一下 apply 函数的实现：

```
Transaction.prototype.apply = async (context) => {
  const {
    block, trs, sender, requestor,
  } = context
  // 获取合约名称
  const name = app.getContractName(trs.type)
  if (!name) {
    throw new Error(`Unsupported transaction type: ${trs.type}`)
  }
  const [mod, func] = name.split('.')
  if (!mod || !func) {
    throw new Error('Invalid transaction function')
  }
  const fn = app.contract[mod][func]
  if (!fn) {
    throw new Error('Contract not found')
  }

  if (block.height !== 0) {
    // 根据交易模式进行不同的处理
    if (transactionMode.isRequestMode(trs.mode) && !context.activating) {
      const requestorFee = 20000000
```

```
      if (requestor.xas < requestorFee) throw new Error('Insufficient
        requestor balance')
      requestor.xas -= requestorFee
      app.addRoundFee(requestorFee, modules.round.calc(block.height))
      // trs.executed = 0
      app.sdb.create('TransactionStatu', { tid: trs.id, executed: 0 })
      app.sdb.update('Account', { xas: requestor.xas }, { address: requestor.
        address })
      return
    }
    if (sender.xas < trs.fee) throw new Error('Insufficient sender balance')
    sender.xas -= trs.fee
    app.sdb.update('Account', { xas: sender.xas }, { address: sender.address })
  }

  const error = await fn.apply(context, trs.args)
  if (error) {
    throw new Error(error)
  }
}
```

在 apply 函数中，主要是调用 app.sdb.update 对用户余额做相应的增减等操作。

交易在验证处理完以后，怎么写入数据库呢？这里其实是利用了 asch-smartdb 的功能。代码如下：

```
try {
  app.sdb.beginContract()
  await library.base.transaction.apply(context)
  app.sdb.commitContract()
} catch (e) {
  app.sdb.rollbackContract()
  library.logger.error(e)
  throw e
}
```

如果交易正常，就提交到数据库里（这里是 SQLite），而如果有问题的话就会回滚交易。

8.3 本章总结

在区块链中，交易代表的含义比较广，可以代表转账，也可以代表投票等。每种交易有不同的逻辑，但是核心流程和区块差不多：序列化，进行哈希计算 hash，签名，验证等等。本章的内容可以帮助大家认识 Asch 链中处理交易的细节，大家在设计自己的交易模型时也可以作为参考。

参考资料：

- Asch 代码仓库：https://githmb.com/AschPlatform/

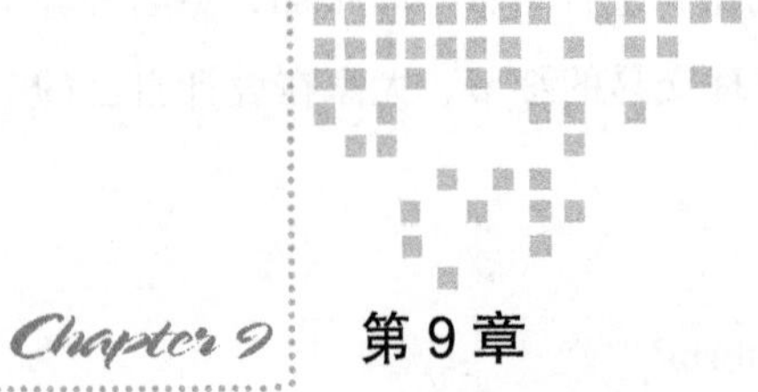

Chapter 9 第9章

跨链实现

如今，区块链之间的彼此隔离成为了区块链技术应用和资产流通的阻碍。跨链技术是把区块链技术从目前一个个分散的孤岛中相连接的良药，也是区块链之间进行相互通信的桥梁。无论是公有链还是私有链，跨链技术都是实现价值互联网的关键。跨链技术的必要性早已经在链圈达成了共识，而不是要不要做的问题中。在本章中，我们将一起来探索各种跨链技术，以及 Asch 的跨链实现原理。

9.1 跨链技术的提出与探索

2016 年 9 月份，以太坊的创始人 Vitalik 给 R3 提供的跨链技术报告里，他提出了三种跨链的方案：公证人模式、中继模式以及哈希锁定模式，参见表 9-1。

表 9-1 Vitalik 提出的三种跨链模式

	公证人模式	中继模式	哈希锁定模式
互操作性	所有	所有（需要所有链上都有中继，否则只支持单向）	只有交叉依赖
信任模型	多数公证人诚实	链不会失败或者受到“51% 攻击”	链不会失败或者受到“51% 攻击”
使用跨链交换	支持	支持	支持
使用跨链资产转移	支持（需要共同的长期公证人信任）	支持	不支持

（续）

	公证人模式	中继模式	哈希锁定模式
适用跨链 Oracles	支持	支持	不直接支持
适用跨链资产抵押	支持	支持	大多数支持但是有难度
实现难度	中等	难	容易
多种币智能合约	困难	困难	不支持

接下来我们分别来介绍这三种模式。

1. 公证人模式

公证人模式（Notary）很好理解，用一个现实世界的例子比喻。假设 A 和 B 没有建立信任关系，然而 C 是 A 和 B 都信任的第三方，那就可以引入 C 充当公证人作为中介。这样的话，A 和 B 就可以建立间接的信任关系。

采用公证人模式比较有代表性的方案是 Interledger，如图 9-1 所示。它本身不是一个账本，不寻求任何的共识。这个模式中，一笔交易要从发送者到接收者，需经过四层：应用层、传输层、账本交互层、账本层、这里的核心是一个顶层加密托管系统称为"连接者"，在连接者的帮助下（用账本交互协议 ILP），资金在各账本（如 L1 和 L2）间流动。这种方案的好处很好理解，同时缺点也很明显。这种模式和区块链的去中心化理念存在一些冲突，所以很多人不认为它是区块链，而更多是一种中心化的产物。

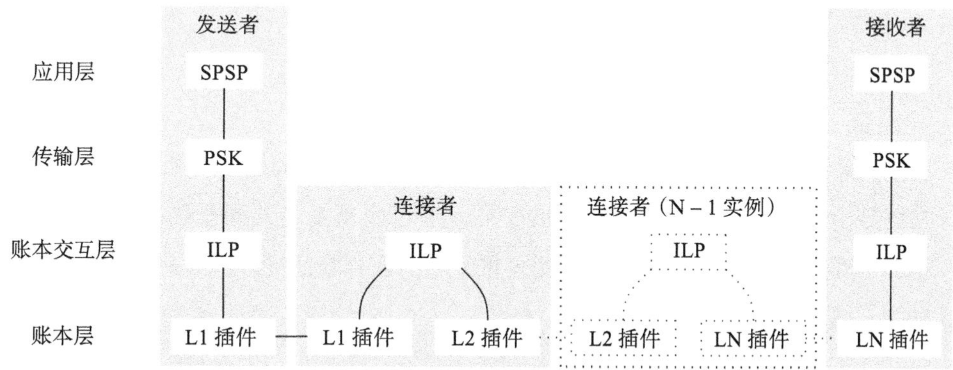

图 9-1 Interledger 的跨链实现

2. 中继模式

中断模式（sidechains/relays）是目前跨链技术应用比较多、相对复杂的方式。一般来说，主链不知道侧链的存在，而侧链必须要知道主链的存在。

中继模式比较有代表性的是 Polkadot 中继链。在 Polkadot 的实现里，其他的平行链（比如以太坊）通过转接桥和 Polkadot 中继链相连。用户提交一个交易后，收集人进行收集并广播。这笔交易到了中继链以后，会再经过几次路由，找到正确的平行链以后，最后交由平行链处理。通过这种方式完成了交易的跨链，如图 9-2 所示。

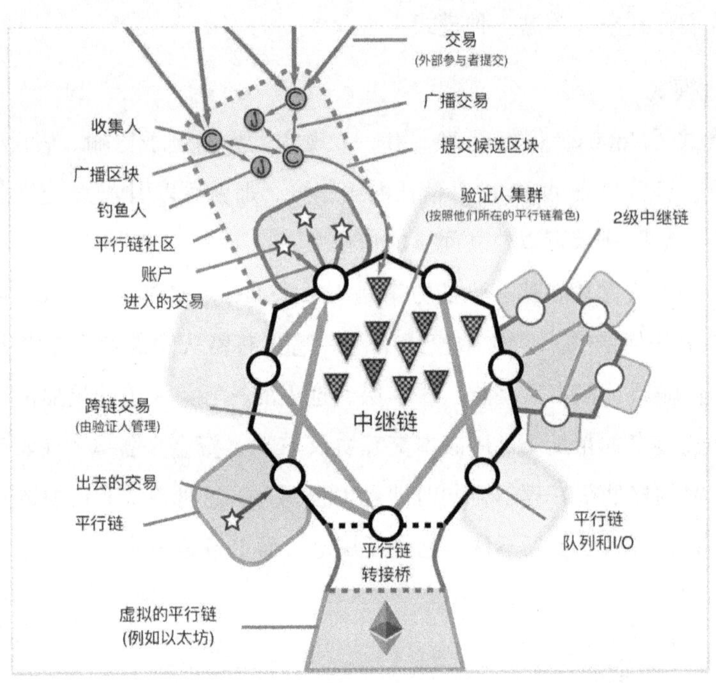

图 9-2 Polkadot 中继链

Polkadot 采用了一些比较有技巧性的办法，即多重签名的机制，把主链资产进行锁定，在侧链上锚定、执行，在侧链上的交易是通过多重签名共同投票决定交易是否有效。Asch 在实现跨链技术时，也是采用多重签名的联合验证机制，因此也属于此类。

3. 哈希锁定模式

哈希锁定模式（Hash-locking）起源于比特币闪电网络，闪电网络本身是一种小额交易的快速支付手段，后来有人把它的关键技术哈希时间锁合约应用到跨链技术上。虽然哈希锁定模式实现了跨链资产的交换，但是没有实现跨链资产的转移，更不能实现这种跨链合约，所以它的应用场景是相对比较受限的。

4. 三种跨链模式的对比

接下来我们从支持的跨链类型、信任模式、是否支持跨链资产交换和资产转移，以及能否支持跨链合约和资产抵押等方面简单对比一下这三种模式。

- 从跨链类型上看，公证人模式是双向的跨链，而中继模式有的支持双向，有的支持单向，而哈希锁定模式是一种依赖关系。
- 从信任模型上看，公证人模式需要多处公证人的证实，这也是最为人诟病的地方，公证人是第三方、特权机构，很容易成为整个系统信任环节中最弱的那一环。
- 公证人模式和中继模式均能支持跨链资产交换及转移、跨链合约和资产抵押。而哈希锁定模式支持的功能比较少，能够支持跨链资产交换，大部分场景能够支持资产抵押，但不支持跨链资产转移和合约。

事实上，跨链资产交换和资产转移的意义比较重大，现今网络运行速度较低，手续费很高，而通过跨链资产转移，我们可构建一个更高效、低成本的网络。实现跨链资产转移的直接结果就是跨链智能合约实现，既然所有的资产已经转到同一个链上，那么智能合约的实现就非常容易了。

9.2 比特币多签名交易的实现

比特币采用的是基于多签名交易的跨链实现，利用对方公链的多签名系统实现了跨链网关，属于上面所说的中继模式。本部分主要探讨比特币上多签名交易的实现，下一节（9.3 节）将介绍 Asch 如何基于比特币的名签名交易机制实现跨链。在其他的类比特币系统（如 LiteCoin、ZCash、Asch 等）里，相关原理和比特币一致。

9.2.1 m-of-n 多签名交易的脚本

在比特币的脚本系统里，一个 m-of-n 的多签名脚本由以下几个部分组成：

```
Pubkey script: OP_HASH160 <Hash160(redeemScript)> OP_EQUAL
Redeem script: <m> <A pubkey> [B pubkey] [C pubkey...] <n> OP_CHECKMULTISIG
Signature script: OP_0 <A sig> [B sig] [C sig...]
```

其中，m 和 n 必须是 OP_1 ~ OP_16 的其中之一。需要注意的是，签名的顺序必须要和 Redeem Script 里的公钥顺序一致，否则验证的时候会失败。而由于历史原因，脚本最开始要放置一个额外的值，一般放置 OP_0。

9.2.2 多签名脚本的执行

首先来看一下在比特币中，多签名脚本是如何执行的，代码如下：

```
Pubkey script: OP_HASH160 <Hash160(redeemScript)> OP_EQUAL
Redeem script: <OP_2> <C pubkey> <B pubkey> <A pubkey> <OP_3> OP_
  CHECKMULTISIG
Signature script: OP_0 <B sig> <A sig> <redeemScript>
```

拼接后的完整脚本如下：

```
OP_0 <B sig> <A sig> OP_2 <C pubkey> <B pubkey> <A pubkey> OP_3
```

运行过程如下：

```
Sig Stack       Pubkey Stack  (Actually a single stack)
---------       ------------
B sig           C pubkey
A sig           B pubkey
OP_0            A pubkey

1. B sig compared to C pubkey (no match)
2. B sig compared to B pubkey (match #1)
3. A sig compared to A pubkey (match #2)
```

成功。有两个签名验证通过。

验证多签名使用的是 OP_CHECKMULTISIG。它首先会找到第一个签名，然后和每一个 pubkey 进行验证，一旦成功，就继续下一个验证，直到所有的验证都通过或者验证失败。如果一个 pubkey 验证失败，则 OP_CHECKMULTISIG 在后面的验证过程里就不会再使用这个 pubkey，所以签名的顺序一定要和脚本里的一致。

如果签名顺序不对会怎样呢？我们来看一个示例。

完整脚本：

```
OP_0 <B sig> <A sig> OP_2 <A pubkey> <B pubkey> <C pubkey> OP_3
```

运行过程：

```
Sig Stack       Pubkey Stack  (Actually a single stack)
```

```
---------         ------------
A sig             C pubkey
B sig             B pubkey
OP_0              A pubkey

1. A sig compared to C pubkey (no match)
2. A sig compared to B pubkey (no match)
```

失败。两个签名，只有一个验证通过。

9.2.3 比特币里实现多签名交易

接下来我们在比特币的全节点上演示一下多签名交易的实现。

1. 生成新地址

这里我们生成三个比特币地址：

```
root@iZ2zeb4wal7uttyf80bcriZ:~# bitcoin-cli getnewaddress
mpFLSDjCcxekrrcdQd62kyUrPHiAGck8mx
root@iZ2zeb4wal7uttyf80bcriZ:~# bitcoin-cli getnewaddress
mxUZ5SQfEcmCH5b8KnsDs26byEtSdwbv23
root@iZ2zeb4wal7uttyf80bcriZ:~# bitcoin-cli getnewaddress
my1kprdpM17PZJnB55GwJ5AzLGjx9isHh9
```

2. 获取新地址的公钥

代码如下：

```
root@iZ2zeb4wal7uttyf80bcriZ:~# bitcoin-cli validateaddress mpFLSDjCcxekrrcdQ
  d62kyUrPHiAGck8mx
{
  "isvalid": true,
  "address": "mpFLSDjCcxekrrcdQd62kyUrPHiAGck8mx",
  ...
  "pubkey": "03b91ff254ae3bb3861e4a6c16ab356d6c52ccfd2b58bedf0dda84657dfd9d9afc",
  ...
}

root@iZ2zeb4wal7uttyf80bcriZ:~# bitcoin-cli validateaddress mxUZ5SQfEcmCH5b8K
  nsDs26byEtSdwbv23
{
  "isvalid": true,
  "address": "mxUZ5SQfEcmCH5b8KnsDs26byEtSdwbv23",
  ...
```

```
  "pubkey": "039f1475fb37d91ed65765c897acbdc37da3a7aba19f5b8ad5ff22a99
    4e8350798",
  ...
}

root@iZ2zeb4wal7uttyf80bcriZ:~# bitcoin-cli validateaddress my1kprdpM17PZJnB5
  5GwJ5AzLGjx9isHh9
{
  "isvalid": true,
  "address": "my1kprdpM17PZJnB55GwJ5AzLGjx9isHh9",
  ...
  "pubkey": "030ee8793fa2cb93f0cfd475b990cbaa48a28d83bd8f434348607368e52644febf",
  ...
}
```

3. 生成多签名地址

利用上面一步获取到的三个公钥，就可以生成多签名地址了。注意 redeemScript，在后面的操作中还会用到它：

```
root@iZ2zeb4wal7uttyf80bcriZ:~# bitcoin-cli createmultisig 2 '''
      [
        "03b91ff254ae3bb3861e4a6c16ab356d6c52ccfd2b58bedf0dda84657dfd9d9afc",
        "039f1475fb37d91ed65765c897acbdc37da3a7aba19f5b8ad5ff22a994e8350798",
        "030ee8793fa2cb93f0cfd475b990cbaa48a28d83bd8f434348607368e52644febf"
      ]'''
{
  "address": "2MzSwUwBc1xuNHwRotwrdFugLvju8VV9uPT",
  "redeemScript": "522103b91ff254ae3bb3861e4a6c16ab356d6c52ccfd2b58bedf0dda84
    657dfd9d9afc21039f1475fb37d91ed65765c897acbdc37da3a7aba19f5b8ad5ff22a9
    94e835079821030ee8793fa2cb93f0cfd475b990cbaa48a28d83bd8f434348607368e5264
    4febf53ae"
}
```

也可以使用“两个公钥 + 一个地址”来生成多签名地址，产生的结果一样：

```
root@iZ2zeb4wal7uttyf80bcriZ:~# bitcoin-cli createmultisig 2 '''
      [
        "mpFLSDjCcxekrrcdQd62kyUrPHiAGck8mx",
        "mxUZ5SQfEcmCH5b8KnsDs26byEtSdwbv23",
       "030ee8793fa2cb93f0cfd475b990cbaa48a28d83bd8f434348607368e52644febf"
        ]'''
{
  "address": "2MzSwUwBc1xuNHwRotwrdFugLvju8VV9uPT",
```

```
  "redeemScript": "522103b91ff254ae3bb3861e4a6c16ab356d6c52ccfd2b58bedf0dda84
    657dfd9d9afc21039f1475fb37d91ed65765c897acbdc37da3a7aba19f5b8ad5ff22a9
    94e835079821030ee8793fa2cb93f0cfd475b990cbaa48a28d83bd8f434348607368e5264
    4febf53ae"
}
```

需要注意的是，如果 Pub key 的顺序不一致，则生成的结果也不一样：

```
root@iZ2zeb4wal7uttyf80bcriZ:~#  bitcoin-cli createmultisig 2 '''
  [
       "039f1475fb37d91ed65765c897acbdc37da3a7aba19f5b8ad5ff22a994e8350798",
       "03b91ff254ae3bb3861e4a6c16ab356d6c52ccfd2b58bedf0dda84657dfd9d9afc",
       "030ee8793fa2cb93f0cfd475b990cbaa48a28d83bd8f434348607368e52644febf"
  ]'''
{
  "address": "2MwaiMGy43UjopAcpcqL8PiuezKcPyQKdHh",
  "redeemScript": "5221039f1475fb37d91ed65765c897acbdc37da3a7aba19f5b8ad5ff22
    a994e83507982103b91ff254ae3bb3861e4a6c16ab356d6c52ccfd2b58bedf0dda8465
    7dfd9d9afc21030ee8793fa2cb93f0cfd475b990cbaa48a28d83bd8f434348607368e5264
    4febf53ae"
}
```

所以一定要记住自己在生成多签名地址时的公钥排序。

4. 转账到多签名账户

代码如下：

```
root@iZ2zeb4wal7uttyf80bcriZ:~# bitcoin-cli sendtoaddress 2MzSwUwBc1xuNHwRotw
  rdFugLvju8VV9uPT 0.001
8c67e4d3264696d222d5a72c70c8806eb3f12b9a02d1bc80554ab00803be86c0
```

返回值为 txid。

5. 根据 txid 查询交易信息

根据转账的 txid，可以查询详细的交易信息。我们需要这里的 hex 信息，用于后面进一步解码：

```
root@iZ2zeb4wal7uttyf80bcriZ:~# bitcoin-cli gettransaction 8c67e4d3264696d222
  d5a72c70c8806eb3f12b9a02d1bc80554ab00803be86c0
{
  "amount": -0.00100000,
  "fee": -0.00000446,
  "confirmations": 0,
```

```
  "trusted": true,
  "txid": "8c67e4d3264696d222d5a72c70c8806eb3f12b9a02d1bc80554ab00803be86c0",
  "walletconflicts": [
  ],
  "time": 1504079526,
  "timereceived": 1504079526,
  "bip125-replaceable": "no",
  "details": [
    {
      "account": "",
      "address": "2MzSwUwBc1xuNHwRotwrdFugLvju8VV9uPT",
      "category": "send",
      "amount": -0.00100000,
      "vout": 0,
      "fee": -0.00000446,
      "abandoned": false
    }
  ],
  "hex": "0200000001a12cb541e92815d3bee2a2cf0ce1ff56b5d9ab87407a39b5ee6d7d81
    d48a126b200000006b483045022100fdb82eb83244c98e3cb7cf1fa94be72439ee2abc33a
    9fafe92f0933285e72f5f02204d7db0b30979e606d776a42e0dc3effe1bf92d2dec86f9
    cb83bd8943e042e8130121030ee8793fa2cb93f0cfd475b990cbaa48a28d83bd8f4343486
    07368e52644febffeffffff02a08601000000000017a9144f0017ef9291b625bec1d7e
    facc246a37b293682879a2f5b1c000000001976a9148ef215e303219e805be7501cfccf76
    0ccdefaf1988ac65031200"
}
```

6. 解码交易的 hex 值

为什么要研究交易的 hex 值呢？其实这个 hex 值才是最终发送到比特币网络里的信息。我们把它解码以后，可以发现这是一个标准的比特币交易结构：

```
root@iZ2zeb4wal7uttyf80bcriZ:~# bitcoin-cli decoderawtransaction 0200000001a1
  2cb541e92815d3bee2a2cf0ce1ff56b5d9ab87407a39b5ee6d7d81d48a126b200000006b
  483045022100fdb82eb83244c98e3cb7cf1fa94be72439ee2abc33a9fafe92f0933285e72
  f5f02204d7db0b30979e606d776a42e0dc3effe1bf92d2dec86f9cb83bd8943e042e8130121
  030ee8793fa2cb93f0cfd475b990cbaa48a28d83bd8f434348607368e52644febffeffff
  ff02a08601000000000017a9144f0017ef9291b625bec1d7efacc246a37b293682879a2f5b1
  c000000001976a9148ef215e303219e805be7501cfccf760ccdefaf1988ac65031200
{
  "txid": "8c67e4d3264696d222d5a72c70c8806eb3f12b9a02d1bc80554ab00803be86c0",
  "hash": "8c67e4d3264696d222d5a72c70c8806eb3f12b9a02d1bc80554ab00803be86c0",
  "size": 224,
  "vsize": 224,
```

```
"version": 2,
"locktime": 1180517,
"vin": [
  {
    "txid": "6b128ad4817d6deeb5397a4087abd9b556ffe10ccfa2e2bed31528e941b52ca1",
    "vout": 32,
    "scriptSig": {
      "asm": "3045022100fdb82eb83244c98e3cb7cf1fa94be72439ee2abc33a9fafe92
        f0933285e72f5f02204d7db0b30979e606d776a42e0dc3effe1bf92d2dec86f9cb8
        3bd8943e042e813[ALL] 030ee8793fa2cb93f0cfd475b990cbaa48a28d83bd8f43
        4348607368e52644febf",
      "hex": "483045022100fdb82eb83244c98e3cb7cf1fa94be72439ee2abc33a9fafe9
        2f0933285e72f5f02204d7db0b30979e606d776a42e0dc3effe1bf92d2dec86f9cb
        83bd8943e042e8130121030ee8793fa2cb93f0cfd475b990cbaa48a28d83bd8f434
        348607368e52644febf"
    },
    "sequence": 4294967294
  }
],
"vout": [
  {
    "value": 0.00100000,
    "n": 0,
    "scriptPubKey": {
      "asm": "OP_HASH160 4f0017ef9291b625bec1d7efacc246a37b293682 OP_EQUAL",
      "hex": "a9144f0017ef9291b625bec1d7efacc246a37b29368287",
      "reqSigs": 1,
      "type": "scripthash",
      "addresses": [
        "2MzSwUwBc1xuNHwRotwrdFugLvju8VV9uPT"
      ]
    }
  },
  {
    "value": 4.75738010,
    "n": 1,
    "scriptPubKey": {
      "asm": "OP_DUP OP_HASH160 8ef215e303219e805be7501cfccf760ccdefaf19
        OP_EQUALVERIFY OP_CHECKSIG",
      "hex": "76a9148ef215e303219e805be7501cfccf760ccdefaf1988ac",
      "reqSigs": 1,
      "type": "pubkeyhash",
      "addresses": [
```

```
            "mtYnFgv98bPzx7md1VUkyZhWMRgozH4Qsm"
          ]
        }
      }
    ]
  }
```

这笔交易里包含交易的元信息、输入信息（input）、输出信息（output）等。可以看到在我们前面生成的地址 2MzSwUwBc1xuNHwRotwrdFugLvju8VV9uPT 里，有一个 0.001 的 UTXO，可以用于以后的消费。

至此，在比特币全节点下创建多签名地址以及对多签名地址进行转账已经完成。接下来的任务就是：如何从一个多签名账户里消费比特币。

9.2.4 兑现多签名交易

要想深入理解多签名交易，不仅要从逻辑上理解多签名交易的流程，而且要解读交易中的 hex 值。在笔者的跨链开发过程中，经常遇到一笔交易里某些最终的 hex 值（比如签名等）有问题，不得不逐一破解交易 hex 值的结构。在这里我们演示消费一个多签名账户的 UTXO，也会讲解交易的 hex 值结构。

1. 生成新地址

再生成一个新地址，用于接收从多签名账户转过来的比特币：

```
root@iZ2zeb4wal7uttyf80bcriZ:~# bitcoin-cli getnewaddress
n1Mgodk5eJ6QaDMh8BUPBUygAExYNc4VMQ
```

2. 创建交易

createrawtransaction 接收两个参数：input 和 output。返回值为交易的 hex 值，这时的交易没有任何签名：

```
root@iZ2zeb4wal7uttyf80bcriZ:~# bitcoin-cli createrawtransaction '''
    [
      {
        "txid": "8c67e4d3264696d222d5a72c70c8806eb3f12b9a02d1bc80554ab00803b
          e86c0",
        "vout": '0'
      }
    ]
```

```
    ''
    {
      "n1Mgodk5eJ6QaDMh8BUPBUygAExYNc4VMQ": 0.00080000
    }'''
0200000001c086be0308b04a5580bcd1029a2bf1b36e80c8702ca7d522d2964626d3e4678c
  0000000000ffffffff0180380100000000001976a914d9a1d77497c0009446316a05c491c55
  d7ccdd67a88ac00000000
```

利用 decoderawtransaction 来查看交易的信息：

```
root@iZ2zeb4wal7uttyf80bcriZ:~# bitcoin-cli decoderawtransaction
  0200000001c086be0308b04a5580bcd1029a2bf1b36e80c8702ca7d522d2964626d3e467
  8c0000000000ffffffff0180380100000000001976a914d9a1d77497c0009446316a05c491c
  55d7ccdd67a88ac00000000
{
  "txid": "688fd635ca944b635e34e94618aef5c5060969495b55ad011192bfbbcdac44b3",
  "hash": "688fd635ca944b635e34e94618aef5c5060969495b55ad011192bfbbcdac44b3",
  "size": 85,
  "vsize": 85,
  "version": 2,
  "locktime": 0,
  "vin": [
    {
      "txid": "8c67e4d3264696d222d5a72c70c8806eb3f12b9a02d1bc80554ab00803be86c0",
      "vout": 0,
      "scriptSig": {
        "asm": "",
        "hex": ""
      },
      "sequence": 4294967295
    }
  ],
  "vout": [
    {
      "value": 0.00080000,
      "n": 0,
      "scriptPubKey": {
        "asm": "OP_DUP OP_HASH160 d9a1d77497c0009446316a05c491c55d7ccdd67a
          OP_EQUALVERIFY OP_CHECKSIG",
        "hex": "76a914d9a1d77497c0009446316a05c491c55d7ccdd67a88ac",
        "reqSigs": 1,
        "type": "pubkeyhash",
        "addresses": [
```

```
          "n1Mgodk5eJ6QaDMh8BUPBUygAExYNc4VMQ"
        ]
      }
    }
  ]
}
```

可以看到，此时的 input 里没有任何签名，scriptSig 为空。

3. 获取多签名账户的私钥

我们在之前生成了三个新账户，并利用这三个新账户生成了多签名账户。这三个新账户都是由全节点进行维护的，可以根据地址获取账户私钥：

```
root@iZ2zeb4wal7uttyf80bcriZ:~# bitcoin-cli dumpprivkey mpFLSDjCcxekrrcdQd62k
  yUrPHiAGck8mx
cTo9bZNyvYRRz8ft115n7caZZ1Mh3qTb7FZaRsmXKVWxMVbdf5ja
root@iZ2zeb4wal7uttyf80bcriZ:~# bitcoin-cli dumpprivkey mxUZ5SQfEcmCH5b8KnsDs
  26byEtSdwbv23
cToeGZSh5gmZteti2fSHqQhMRZ7LVsg8ajnRyRxX5nBShwDokU4Y
```

我们之前生成的是一个 2-of-3 的多签名地址，也就是说只需要 2 个账户签名就够了。

4. 使用私钥进行签名

这里用到的命令是 signrawtransaction，这个命令的格式为：

```
signrawtransaction "hexstring" ( [{"txid":"id","vout":n,"scriptPubKey":"hex",
  "redeemScript":"hex"},...] ["privatekey1",...] sighashtype )
```

hex 就是之前创建的交易值。

我们使用一个私钥对交易进行签名：

```
bitcoin-cli signrawtransaction  '0200000001c086be0308b04a5580bcd1029a2bf1b36e
  80c8702ca7d522d2964626d3e4678c0000000000ffffffff0180380100000000001976a914d
  9a1d77497c0009446316a05c491c55d7ccdd67a88ac00000000' '''
    [
      {
        "txid": "8c67e4d3264696d222d5a72c70c8806eb3f12b9a02d1bc80554ab00803be
          86c0",
        "vout": 0,
        "scriptPubKey": "a9144f0017ef9291b625bec1d7efacc246a37b29368287",
        "redeemScript": "522103b91ff254ae3bb3861e4a6c16ab356d6c52ccfd2b58bedf
```

```
        0dda84657dfd9d9afc21039f1475fb37d91ed65765c897acbdc37da3a7aba19f5b8
        ad5ff22a994e835079821030ee8793fa2cb93f0cfd475b990cbaa48a28d83bd8f43
        4348607368e52644febf53ae"
      }
    ]
    ' '
    [
      "cTo9bZNyvYRRz8ft115n7caZZ1Mh3qTb7FZaRsmXKVWxMVbdf5ja"
    ]'''
```

签名完以后查看该交易的信息：

```
root@iZ2zeb4wal7uttyf80bcriZ:~# bitcoin-cli decoderawtransaction 0200000001c0
  86be0308b04a5580bcd1029a2bf1b36e80c8702ca7d522d2964626d3e4678c00000000b50
  0483045022100e1bdf233e54abbbf22adc4bc70ba531ea35fc72c0240c32f2b7a1647694702
  01022072dc47ddf230e77279a27732b1f5cfe8a1a8e32063fc8708270fbad3116a157e0
  14c69522103b91ff254ae3bb3861e4a6c16ab356d6c52ccfd2b58bedf0dda84657dfd9d9afc
  21039f1475fb37d91ed65765c897acbdc37da3a7aba19f5b8ad5ff22a994e8350798210
  30ee8793fa2cb93f0cfd475b990cbaa48a28d83bd8f434348607368e52644febf53aefff
  fffff0180380100000000001976a914d9a1d77497c0009446316a05c491c55d7ccdd67a88
  ac00000000
{
  "txid": "d8450479e4d5c00603930e3ac24fd6b1fe6ddd6a8380d96641776ae9dd5bb634",
  "hash": "d8450479e4d5c00603930e3ac24fd6b1fe6ddd6a8380d96641776ae9dd5bb634",
  "size": 266,
  "vsize": 266,
  "version": 2,
  "locktime": 0,
  "vin": [
    {
      "txid": "8c67e4d3264696d222d5a72c70c8806eb3f12b9a02d1bc80554ab00803be86c0",
      "vout": 0,
      "scriptSig": {
        "asm": "0 3045022100e1bdf233e54abbbf22adc4bc70ba531ea35fc72c0240c32f2
          b7a16476947020102207 2dc47ddf230e77279a27732b1f5cfe8a1a8e32063fc870
          8270fbad3116a157e[ALL] 522103b91ff254ae3bb3861e4a6c16ab356d6c52ccfd
          2b58bedf0dda84657dfd9d9afc21039f1475fb37d91ed65765c897acbdc37da3
          a7aba19f5b8ad5ff22a994e835079821030ee8793fa2cb93f0cfd475b990cbaa48a
          28d83bd8f434348607368e52644febf53ae",
        "hex": "00483045022100e1bdf233e54abbbf22adc4bc70ba531ea35fc72c0240
          c32f2b7a164769470201022072dc47ddf230e77279a27732b1f5cfe8a1a8e32063
          fc8708270fbad3116a157e014c69522103b91ff254ae3bb3861e4a6c16ab356d6c
          52ccfd2b58bedf0dda84657dfd9d9afc21039f1475fb37d91ed65765c897acbdc3
          7da3a7aba19f5b8ad5ff22a994e835079821030ee8793fa2cb93f0cfd475b990cba
          a48a28d83bd8f434348607368e52644febf53ae"
```

```
      },
      "sequence": 4294967295
    }
  ],
  "vout": [
    {
      "value": 0.00080000,
      "n": 0,
      "scriptPubKey": {
        "asm": "OP_DUP OP_HASH160 d9a1d77497c0009446316a05c491c55d7ccdd67a
          OP_EQUALVERIFY OP_CHECKSIG",
        "hex": "76a914d9a1d77497c0009446316a05c491c55d7ccdd67a88ac",
        "reqSigs": 1,
        "type": "pubkeyhash",
        "addresses": [
          "n1Mgodk5eJ6QaDMh8BUPBUygAExYNc4VMQ"
        ]
      }
    }
  ]
}
```

可以看到，在 input 里已经有签名信息了。我们再用另一个私钥对交易进行签名：

```
bitcoin-cli signrawtransaction  '0200000001c086be0308b04a5580bcd1029a2bf1b36e
  80c8702ca7d522d2964626d3e4678c00000000b500483045022100e1bdf233e54abbbf22adc
  4bc70ba531ea35fc72c0240c32f2b7a164769470201022072dc47ddf230e77279a27732b1f5
  cfe8a1a8e32063fc8708270fbad3116a157e014c69522103b91ff254ae3bb3861e4a6c16
  ab356d6c52ccfd2b58bedf0dda84657dfd9d9afc21039f1475fb37d91ed65765c897acbdc37
  da3a7aba19f5b8ad5ff22a994e835079821030ee8793fa2cb93f0cfd475b990cbaa48a28d83
  bd8f434348607368e52644febf53aeffffffff0180380100000000001976a914d9a1d77497c
  0009446316a05c491c55d7ccdd67a88ac00000000' '''
    [
      {
        "txid": "8c67e4d3264696d222d5a72c70c8806eb3f12b9a02d1bc80554ab00803be
          86c0",
        "vout": 0,
        "scriptPubKey": "a9144f0017ef9291b625bec1d7efacc246a37b29368287",
        "redeemScript": "522103b91ff254ae3bb3861e4a6c16ab356d6c52ccfd2b58bedf
          0dda84657dfd9d9afc21039f1475fb37d91ed65765c897acbdc37da3a7aba19f5b8
          ad5ff22a994e835079821030ee8793fa2cb93f0cfd475b990cbaa48a28d83bd8f43
          4348607368e52644febf53ae"
      }
    ]
    ''
```

```
    [
      "cToeGZSh5gmZteti2fSHqQhMRZ7LVsg8ajnRyRxX5nBShwDokU4Y"
    ]'''

{
  "hex": "0200000001c086be0308b04a5580bcd1029a2bf1b36e80c8702ca7d522d2964626d
    3e4678c00000000fdfd0000483045022100e1bdf233e54abbbf22adc4bc70ba531ea35
    fc72c0240c32f2b7a16476947020102207 2dc47ddf230e77279a27732b1f5cfe8a1a8e320
    63fc8708270fbad3116a157e0147304402204c5eebfbaba5c8bb899b737f50919c31cd27
    650e96c0fb6ad7d22d02bc126cb5022014d7a7a4046372b2772fe37b8a8b82104828a89dd
    bcfc140cb9b52ba9b04e460014c69522103b91ff254ae3bb3861e4a6c16ab356d6c52c
    cfd2b58bedf0dda84657dfd9d9afc21039f1475fb37d91ed65765c897acbdc37da3a7ab
    a19f5b8ad5ff22a994e835079821030ee8793fa2cb93f0cfd475b990cbaa48a28d83bd8
    f434348607368e52644febf53aeffffffff01803801000000000001976a914d9a1d77497c0
    009446316a05c491c55d7ccdd67a88ac00000000",
  "complete": true
}
```

使用两个私钥签名过后，状态 complete 为 true，说明该交易已经满足多签名消费的条件，可以进行广播了。

5. 广播该交易

使用 sendrawtransaction 广播该交易：

```
root@iZ2zeb4wal7uttyf80bcriZ:~# bitcoin-cli sendrawtransaction 0200000001c086
  be0308b04a5580bcd1029a2bf1b36e80c8702ca7d522d2964626d3e4678c00000000fdfd0
  000483045022100e1bdf233e54abbbf22adc4bc70ba531ea35fc72c0240c32f2b7a16476
  9470201022072dc47ddf230e77279a27732b1f5cfe8a1a8e32063fc8708270fbad3116a157
  e0147304402204c5eebfbaba5c8bb899b737f50919c31cd27650e96c0fb6ad7d22d02bc126c
  b5022014d7a7a4046372b2772fe37b8a8b82104828a89ddbcfc140cb9b52ba9b04e4600
  14c69522103b91ff254ae3bb3861e4a6c16ab356d6c52ccfd2b58bedf0dda84657dfd9d9afc
  21039f1475fb37d91ed65765c897acbdc37da3a7aba19f5b8ad5ff22a994e8350798210
  30ee8793fa2cb93f0cfd475b990cbaa48a28d83bd8f434348607368e52644febf53aefff
  fffff01803801000000000001976a914d9a1d77497c0009446316a05c491c55d7ccdd67a88
  ac00000000
04839f5905aa363d18aff5b559892bb54ddf4e0c7066a7072b942d71f2fa9470
```

交易完成，此时可以去区块链浏览器查看交易相关的信息了。

6. 交易的 hex 值结构变化

在刚刚创建交易没有任何签名时，交易的结构为：

```
<part1>
```

```
0200000001c086be0308b04a5580bcd1029a2bf1b36e80c8702ca7d522d2964626d3e467
  8c00000000
</part1>
00
<output>
ffffffff0180380100000000001976a914d9a1d77497c0009446316a05c491c55d7ccdd67a88
  ac00000000
</output>
```

在第一个私钥签名以后，结构变成：

```
<part1>
0200000001c086be0308b04a5580bcd1029a2bf1b36e80c8702ca7d522d2964626d3e467
  8c00000000
</part1>
b5
<0>
0048
</0>
<sig1>
3045022100e1bdf233e54abbbf22adc4bc70ba531ea35fc72c0240c32f2b7a164769470201022
  072dc47ddf230e77279a27732b1f5cfe8a1a8e32063fc8708270fbad3116a157e01
</sig1>
4c69
<redeemScript>
522103b91ff254ae3bb3861e4a6c16ab356d6c52ccfd2b58bedf0dda84657dfd9d9afc21039f1
  475fb37d91ed65765c897acbdc37da3a7aba19f5b8ad5ff22a994e835079821030ee8793fa2
  cb93f0cfd475b990cbaa48a28d83bd8f434348607368e52644febf53ae
</redeemScript>
<output>
ffffffff0180380100000000001976a914d9a1d77497c0009446316a05c491c55d7ccdd67a88
  ac00000000
</output>
```

第二个私钥签名以后，结构变成：

```
<part1>
0200000001c086be0308b04a5580bcd1029a2bf1b36e80c8702ca7d522d2964626d3e467
  8c00000000
</part1>
fdfd00
<0>
0048
</0>
<sig1>
```

```
3045022100e1bdf233e54abbbf22adc4bc70ba531ea35fc72c0240c32f2b7a164769470201022
  072dc47ddf230e77279a27732b1f5cfe8a1a8e32063fc8708270fbad3116a157e01
</sig1>
47
<sig2>
304402204c5eebfbaba5c8bb899b737f50919c31cd27650e96c0fb6ad7d22d02bc126cb502201
  4d7a7a4046372b2772fe37b8a8b82104828a89ddbcfc140cb9b52ba9b04e46001
</sig2>
4c69
<redeemScript>
522103b91ff254ae3bb3861e4a6c16ab356d6c52ccfd2b58bedf0dda84657dfd9d9afc21039f1
  475fb37d91ed65765c897acbdc37da3a7aba19f5b8ad5ff22a994e835079821030ee8793fa2
  cb93f0cfd475b990cbaa48a28d83bd8f434348607368e52644febf53ae
</redeemScript>
<output>
ffffffff0180380100000000001976a914d9a1d77497c0009446316a05c491c55d7ccdd67a88
  ac00000000
</output>
```

返回值为 txid。

这就是比特币多签名交易的基本原理。在 Asch 的跨链实现里，就是利用了这个机制来完成资产的双向锚定与流通。

9.3 Asch 的跨链实现

在多签名交易的基础上，Asch 实现了一种通过多签名联盟来实现的双向资产锚定方案，这里面最重要的角色是**跨链网关**。如图 9-3 所示，跨链网关是一个有多个节点共同维护的多签名地址集合。为了选举出合适的网关节点，Asch 开发了一个提案系统，用于用户对网关节点进行投票。网关节点各自同时维护着其他主链的全节点和 Asch 的全节点。跨链资产到 Asch 的充值、提现等工作都是由这些节点来完成。资产从原来的主链进入跨链网关以后，会在原来的主链上锁定资产，同时 Asch 会解锁一笔对应的资产，用于 Asch 内部使用。用户可以随时从 Asch 提现到原来的主链，这个过程和充值的过程完全相反。参见图 9-3。

在 Asch 的跨链资产流通的过程中，主要有四个过程：网关提案的发起与投票，跨链账户的开通，对跨链网关的充值与提现。接下来我们会深入探讨这四个部分的实现与流程。

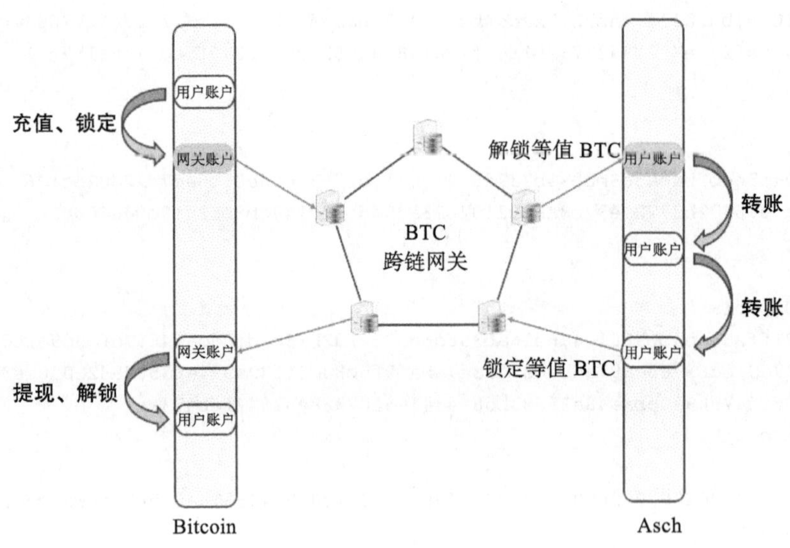

图 9-3 Asch 的跨链实现

9.3.1 网关提案的发起与投票

区块链和公司不同，它的运转和治理基于社区成员的深度参与。为此 Asch 引入了一个提案系统，这与 DPoS 机制下选举见证人的方案类似。社区成员可以发起提案并引导大家来投票。如果投票通过，则这项提案就会进入实施阶段，如图 9-4 所示。

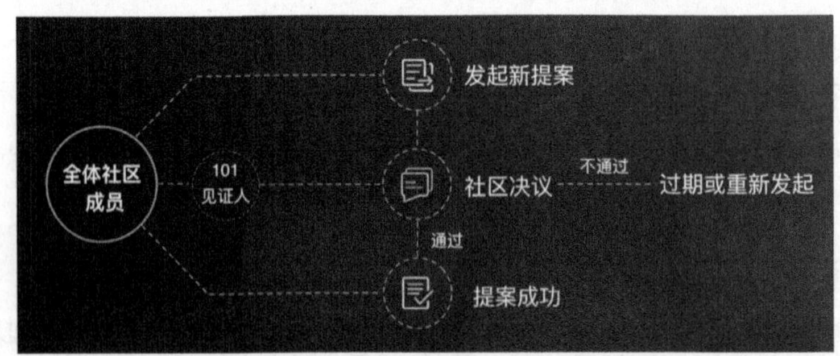

图 9-4 跨链网关的上线流程

为了支持跨链网关，Asch 设计了四种提案类型，分别对应新增网关、网关初始化、更换网关成员以及注销网关，代码如下：

```
const VALID_TOPICS = [
  'gateway_register',
  'gateway_init',
  'gateway_update_member',
  'gateway_revoke',
]
```

下面介绍网关提案实施流程。

1. 发起“新增网关”提案

对于跨链网关来说，首先由社区成员在Asch网页客户端（首页→提案）发起“新增网关”提案，如图9-5所示。

图9-5 在客户端发起“新增网关”提案

在图9-5的注册网关流程中，提案发起人需要填写“提案类型”“成员数量”以及“公投周期”（用于给用户评估项目并投票）、“网关名字”“默认币种”等信息。发起提案会调用主链的proposal合约。该合约代码如下：

```
async propose(title, desc, topic, content, endHeight) {
    // 条件验证
```

```
    if (!/^[A-Za-z0-9_\-+!@$% ]{10,100}$/.test(title)) return 'Invalid
      proposal title'
    if (desc.length > 4096) return 'Invalid proposal description'
    if (VALID_TOPICS.indexOf(topic) === -1) return 'Invalid proposal topic'
    if (!Number.isInteger(endHeight) || endHeight < this.block.height + 8640)
      return 'Invalid proposal finish date'

    // 根据提案类型调用不同的方法
    if (topic === 'gateway_register') {
      await validateGatewayRegister(content, this)
    } else if (topic === 'gateway_init') {
      await validateGatewayInit(content, this)
    } else if (topic === 'gateway_update_member') {
      await validateGatewayUpdateMember(content, this)
    } else if (topic === 'gateway_revoke') {
      await validateGatewayContent(content, this)
    }

    // 创建提案的数据库记录
    app.sdb.create('Proposal', {
      tid: this.trs.id,
      timestamp: this.trs.timestamp,
      title,
      desc,
      topic,
      content: JSON.stringify(content),
      activated: 0,
      height: this.block.height,
      endHeight,
      senderId: this.sender.address,
    })
    return null
  }
```

合约会检测用户想要发起的提案类型，然后去调用对应的方法实现。对于新增网关这个类型的提案，调用的方法如下：

```
async function doGatewayRegister(params, context) {
  const name = params.name
  app.sdb.lock(`gateway@${name}`)
  const exists = await app.sdb.exists('Gateway', { name })
  if (exists) throw new Error('Gateway already exists')

  app.sdb.create('Gateway', {
```

```
    name,
    desc: params.desc,
    updateInterval: params.updateInterval,
    minimumMembers: params.minimumMembers,
    lastUpdateHeight: context.block.height,
    revoked: 0,
    version: 1,
    activated: 0,
    createTime: context.trs.timestamp,
  })
  app.sdb.create('GatewayCurrency', {
    gateway: name,
    symbol: params.currency.symbol,
    precision: params.currency.precision,
    desc: params.currency.desc,
    revoked: 0,
  })
}
```

创建的数据都记录在 SQLite3 里，读者可以在相应的数据表中查到相关提案及网关信息。

2. 社区讨论及投票

一个提案发起以后，需要经过社区的讨论。在发起提案时设定的时间周期内，Asch 的见证人会对该提案进行投票。如果一项提案可以收集到 68 位见证人以上的投票，那么就通过该提案，进入实施阶段。

> **提示** 68 这个数字是怎么来的呢？阿希采用的是 DPoS + PBFT（实用拜占庭容错）共识机制，在这种机制下，总节点数（n）和恶意节点（m）的关系只要满足 $n \geqslant 3m + 1$ 就可以达成共识。阿希目前的产块节点数是 101，因此 $m \leqslant (101 - 1)/3$，也就是恶意节点只要不超过 33 个，最后就可以达成共识。反过来讲，只要诚实节点大于 $101 - 33 = 68$ 个，那么此轮产块就可以达成共识。

投票合约相关代码如下：

```
async vote(pid) {
    if (!app.isCurrentBookkeeper(this.sender.address)) return 'Permission
      denied'
```

```
  const proposal = await app.sdb.findOne('Proposal', { condition: { tid:
    pid } }) // 寻找提案
  if (!proposal) return 'Proposal not found'
  if (this.block.height - proposal.height > 8640 * 30) return 'Proposal
    expired'
  const exists = await app.sdb.exists('ProposalVote', { voter: this.sender.
    address, pid })
  if (exists) return 'Already voted'
  // 创建投票
  app.sdb.create('ProposalVote', {
    tid: this.trs.id,
    pid,
    voter: this.sender.address,
  })
  return null
}
```

投票可以在Asch客户端进行，投票操作产生的数据也会存储到数据库。

3. 竞选网关候选人

如果一切顺利，在一个“新增网关”的提案发起通过以后，接下来就需要进行发起“网关初始化”的提案了。不过在网关初始化之前，需要社区成员进行“网关成员”的注册。网关成员就是维护跨链网关的成员，除了维护Asch的全节点以外还需要维护其他跨链资产的全节点。网关成员自由竞选，需要在社区里寻求支持。

注册网关成员的合约如下：

```
async registerMember(gateway, publicKey, desc) {
  // 各种验证条件
  if (!gateway) return 'Invalid gateway name'

  const senderId = this.sender.address
  app.sdb.lock(`basic.account@${this.sender.address}`)
  const sender = this.sender
  if (!sender.name) return 'Account have not a name'
  if (sender.role) return 'Account already have a role'
  if (!await app.sdb.exists('Gateway', { name: gateway })) return 'Gateway
    not found'
  const exists = await app.sdb.exists('GatewayMember', { address: senderId })
  if (exists) return 'Account already is a gateway member'
  // 一个账户只能拥有一个角色，这里会创建网关验证人的角色
  sender.role = app.AccountRole.GATEWAY_VALIDATOR
  app.sdb.update('Account', { role: app.AccountRole.GATEWAY_VALIDATOR }, {
```

```
      address: this.sender.address })
    app.sdb.create('GatewayMember', {
      address: this.sender.address,
      gateway,
      outPublicKey: publicKey,
      desc,
      elected: 0,
    })
    return null
  }
```

注册网关候选人的操作目前无法在客户端完成，请参考相关文档[⊖]。该操作会消耗100XAS。

4. 发起“网关初始化”提案

在已经拥有足够网关成员的情况下，社区成员可以发起“网关初始化”的提案。进入 Asch 网页客户端以后，在提案（首页→提案）界面，提案发起人可以任意选择自己认为合适的网关候选人。提案示例参见图 9-6。

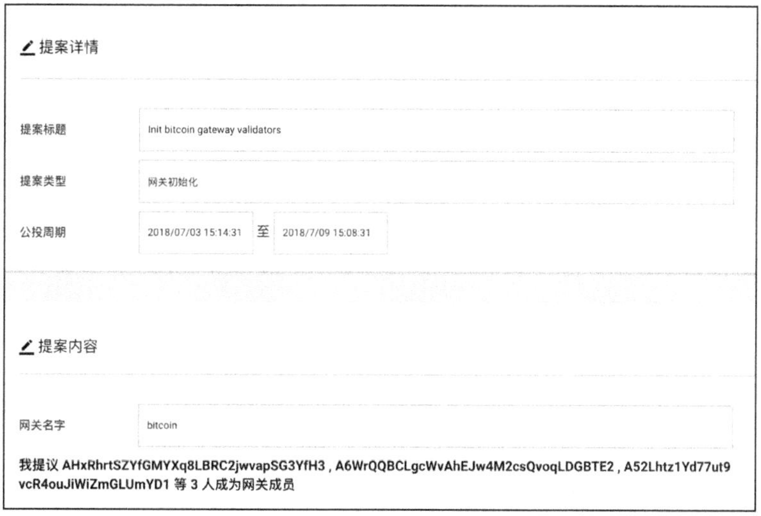

图 9-6 发起新提案

网关初始化会调用 proposal.js 里的 doGatewayInit 合约，网关初始化的合约代码如下：

⊖ 请参考 https://github.com/AschPlatform/asch-docs/blob/master/http_api/zh-cn.md。

```
async function doGatewayInit(params) {
  for (const m of params.members) {
    const dbItem = await app.sdb.get('GatewayMember', m)
    dbItem.elected = 1
  }
  const gateway = await app.sdb.get('Gateway', params.gateway)
  gateway.activated = 1
}
```

5. 社区讨论及投票

这个步骤和“新增网关”的提案类似，不同的是社区成员对认可哪个提案（不同提案可能包含不同的网关候选人）有了更多的选择。

6. 网关上线

如果某个“网关初始化”的提案通过，那么该提案所涉及的网关候选人会进行网关上线的工作。主要工作为配置一个其他跨链资产的全节点（比如是 Bitcoin 或者 BitcoinCash 等，就需要配置 bitcoind），同时在自己维护的 Asch 节点的 config.json 中，添加如下的配置（示例）：

```
"gateway": {
  "name": "bitcoincash",
  "rpc": {"username": "Asch", "password":"Asch123456", "host":
    "192.168.1.190", "port": 18332},
  "secret": "cabbage outdoor extend memory ketchup powder turtle trial
    interest ticket anchor season",
  "outSecret": "cR41t5PH83okfAGzxqwCdW17SXXoUS2rjx5D9iSAcJ1SwrwvSWdS",
  "sendWithdrawal": true
}
```

Asch 节点在启动时会检查是否配置为跨链网关节点，会应用相应的配置和跨链资产全节点进行交互。

9.3.2 跨链账户的开通

在跨链网关上线以后，所有的用户都可以在 Asch 的客户端开通跨链账户了。每一个 Asch 用户都有一个唯一的跨链账户，这个账户是根据跨链网关所有节点的公钥以及用户自己的公钥一起生成的。

1. 开通账户

开通账户调用的是 chain.js 里的 openAccount 合约，代码如下：

```
async openAccount(gateway) {
  if (!gateway) return 'Invalid gateway name'

  app.sdb.lock(`gateway.openAccount@${this.sender.address}`)
  const exists = await app.sdb.exists('GatewayAccount', { address: this.
    sender.address })
  if (exists) return 'Account already opened'
  const validators = await app.sdb.findAll('GatewayMember', { condition: {
    gateway, elected: 1 } })
  if (!validators || !validators.length) return 'Gateway validators not
    found'

  const gw = await app.sdb.findOne('Gateway', { condition: { name: gateway } })
  if (!gw) return 'Gateway not found'
  if (!gw.activated) return 'Gateway not activated'
  if (gw.revoked) return 'Gateway already revoked'

  // 获取网关验证人的公钥
  const outPublicKeys = validators.map(v => v.outPublicKey)
  // 设定解锁门槛，m-of-n 里的 m
  const unlockNumber = Math.floor(outPublicKeys.length / 2) + 1
  outPublicKeys.push(`02${this.trs.senderPublicKey}`)
  // 创建唯一的多签名账户
  const account = app.gateway.createMultisigAddress(gateway, unlockNumber,
    outPublicKeys)
  const seq = Number(app.autoID.increment('gate_account_seq'))
  app.sdb.create('GatewayAccount', {
    address: this.sender.address,
    gateway,
    outAddress: account.address,
    attachment: account.accountExtrsInfo,
    seq,
    version: gw.version,
    createTime: this.trs.timestamp,
  })
  return null
}
```

所有的跨链账户都会写入 GatewayAccount 数据表。

2. 导入网关节点

创建完跨链账户以后，用户如何感知该账户的充值和提现呢？前面说过，每个网关节点都维护了一个跨链资产的全节点。以比特币为例，每个比特币全节点也都是比特币的钱包。跨链账户创建以后，就会以 watchonly 的模式导入到全节点，用于监听该地址的所有交易。

导入账户的步骤在 Asch-core 仓库的 src/core/gateway.js 里可以找到，代码如下：

```
// 查找账户，导入节点
  async _importAccounts() {
    const GATEWAY = this.name
    const key = { gateway: GATEWAY, type: GatewayLogType.IMPORT_ADDRESS }
    let lastImportAddressLog = this._sdb.get('GatewayLog', key)

    library.logger.debug('find last import address log', lastImportAddressLog)
    let lastSeq = 0
    if (lastImportAddressLog) {
      lastSeq = lastImportAddressLog.seq
    } else {
      const value = { gateway: GATEWAY, type: GatewayLogType.IMPORT_ADDRESS,
        seq: 0 }
      lastImportAddressLog = this._sdb.create('GatewayLog', value)
    }
    // query( model, condition, fields, limit, offset, sort, join )
    const gatewayAccounts = await this._sdb.find(
      'GatewayAccount',
      { gateway: GATEWAY, seq: { $gt: lastSeq } },
      100,
      { seq: 1 },
    )
    library.logger.debug('find gateway account', gatewayAccounts)
    const len = gatewayAccounts.length
    if (len > 0) {
      for (const a of gatewayAccounts) {
        await this._importAddress(a.outAddress)
      }
      app.sdb.update('GatewayLog', { seq: gatewayAccounts[len - 1].seq },
        key)
      this._sdb.saveLocalChanges()
    }
  }
```

跨链网关账户是用户使用跨链资产的基础，开通跨链网关的合约编号为400，手续费是100 XAS。

9.3.3 对跨链网关的充值与提现

资产从其他公链转移到Asch的过程称为“充值”，而反方向则称为“提现”。充值和提现的过程都由Asch上的合约来完成。

假如比特币跨链系统已经上线，用户想要把自己的比特币转入到Asch上使用，那么他只需要把自己的比特币转入跨链网关的地址并等待比特币网络的确认。在比特币网络确认以后，Asch会检测到这笔交易，然后在该用户的Asch链的地址上生成一笔新的等值比特币资产。这笔资产就可以在Asch上流转并且用在各个DApp里了。

Asch会一直监听充值到跨链账户的交易，检测到交易后则会调用合约gateway.deposit来完成充值交易。我们来看一下充值部分代码的主要逻辑：

```
async deposit(gateway, address, currency, amount, oid) {
    // 获取网关验证人
    const validator = await app.sdb.findOne('GatewayMember', {
      condition: {
        address: this.sender.address,
      },
    })
    if (!validator || !validator.elected || validator.gateway !== gateway)
      return 'Permission denied'

    const signerKey = `gateway.deposit@${[this.sender.address, currency,
      oid].join(':')}`
    app.sdb.lock(signerKey)
    // 获取网关账号
    const gatewayAccount = await app.sdb.findOne('GatewayAccount', {
      condition: { outAddress: address } })
    if (!gatewayAccount) return 'Gateway account not exist'

    const gw = await app.sdb.findOne('Gateway', { condition: { name:
      gatewayAccount.gateway } })
    if (!gw) return 'Gateway not found'
    if (gw.revoked) return 'Gateway already revoked'

    if (await app.sdb.exists('GatewayDepositSigner', { key: signerKey }))
      return 'Already submitted'
```

```
    app.sdb.create('GatewayDepositSigner', { key: signerKey })

    const dipositKey = { oid }
    let deposit = await app.sdb.load('GatewayDeposit', dipositKey)
    if (!deposit) {
      deposit = app.sdb.create('GatewayDeposit', {
        tid: this.trs.id,
        timestamp: this.trs.timestamp,
        gateway,
        currency,
        amount,
        address,
        oid,
        confirmations: 1,
        processed: 0,
      })
    } else {
      deposit.confirmations += 1
      const count = await app.sdb.count('GatewayMember', { gateway, elected: 1 })
      if (deposit.confirmations > count / 2 && !deposit.processed) {
        deposit.processed = 1
        app.balances.increase(gatewayAccount.address, currency, amount)
      }
      app.sdb.update('GatewayDeposit', deposit, dipositKey)
    }
    return null
  },
```

上面的代码展示了网关节点在检测到充值交易以后的处理情况。首先验证网关的合法性（是否存在、是否有网关成员等），验证通过后会根据情况新建一笔 Asch 链上的跨链交易或者增加一次确认。最终修改账户的跨链资产余额。

9.3.4 对跨链网关的提现

如果用户想把自己在 Asch 上的跨链资产转移回原来的主链，这个时候就需要在 Asch 网页客户端上发起一笔“提现”的操作（首页→资产→跨链资产→提现）。提现的过程主要有用户发起交易、跨链网关节点对交易进行签名以及广播等。和 9.2.4 节里兑现多签名交易的步骤比较类似。

图 9-7 展示了从 Asch 上提取比特币的过程，手续费可以自己填写。

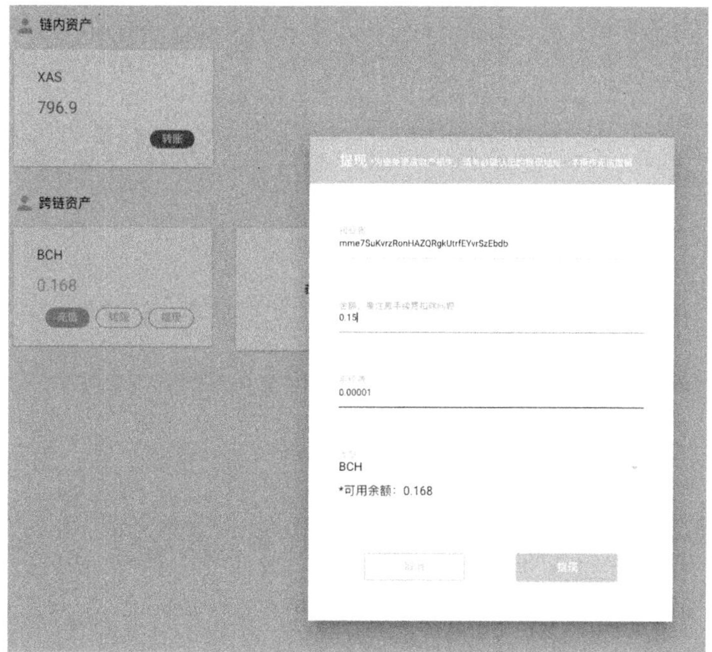

图 9-7　用户发起提现操作

用户发起的提现操作使用合约为 403 号 withdrawal，代码如下：

```
async withdrawal(address, gateway, currency, amount, fee) {
    if (!gateway) return 'Invalid gateway name'
    if (!currency) return 'Invalid currency'
    app.validate('amount', fee)
    app.validate('amount', amount)

    const balance = app.balances.get(this.sender.address, currency)
    if (balance.lt(amount)) return 'Insufficient balance'

    const outAmount = app.util.bignumber(amount).sub(fee)
    if (outAmount.lte(0)) return 'Invalid amount'

    if (!app.gateway.isValidAddress(gateway, address)) return 'Invalid
      withdrawal address'

    app.balances.decrease(this.sender.address, currency, amount)
    const seq = Number(app.autoID.increment('gate_withdrawal_seq'))

    app.sdb.create('GatewayWithdrawal', {
```

```
      tid: this.trs.id,
      timestamp: this.trs.timestamp,
      seq,
      gateway,
      currency,
      amount: outAmount.toString(),
      senderId: this.sender.address,
      recipientId: address,
      fee,
      signs: 0,
      ready: 0,
      outTransaction: '',
      oid: '',
    })
    return null
  },
```

这会在 gateway_withdrawals 表里新增一笔交易。同时 Asch-core/src/gateway 里的程序会轮询数据库，查看 gateway_withdrawals 的值并和 gateway_logs 里处理的序列进行比较，如果发现有新的提现操作，则进行处理，代码如下：

```
async _processWithdrawals() {
    const GATEWAY = this.name
    const PAGE_SIZE = 25
    const validators = await this._sdb.findAll(
      'GatewayMember',
      {
        condition: {
          gateway: GATEWAY,
          elected: 1,
        },
      },
    )
    if (!validators || !validators.length) {
      library.logger.error('Cannot find validators')
      return
    }
    library.logger.debug('Found gateway validators', validators)

    const withdrawalLogKey = { gateway: GATEWAY, type: GatewayLogType.
      WITHDRAWAL }
    let lastWithdrawalLog = await this._sdb.load('GatewayLog',
      withdrawalLogKey)
    library.logger.debug('find =========WITHDRAWAL=========== log',
```

```
    lastWithdrawalLog)

  lastWithdrawalLog = lastWithdrawalLog
    || this._sdb.create('GatewayLog', { gateway: GATEWAY, type:
      GatewayLogType.WITHDRAWAL, seq: 0 })

  const lastSeq = lastWithdrawalLog.seq

  const withdrawals = await this._sdb.find('GatewayWithdrawal', { gateway:
    GATEWAY, seq: { $gt: lastSeq } }, PAGE_SIZE)
  library.logger.debug('Found gateway withdrawal transactions',
    withdrawals)
  if (!withdrawals || !withdrawals.length) {
    return
  }

  const outPublicKeys = validators.map(v => v.outPublicKey).sort((l, r) =>
    l - r)
  const unlockNumber = Math.floor(outPublicKeys.length / 2) + 1
  const multiAccount = this._getUtil().createMultisigAccount(unlockNumber,
    outPublicKeys)
  library.logger.debug('gateway validators cold account', multiAccount)

  const onError = (err) => {
    library.logger.error('Process gateway withdrawal error, will retry
      later', err)
  }

  this._spentTids = await this._getSpentTids()
  for (const w of withdrawals) {
    if (w.ready) continue
    try {
      // 处理提现
      const fn = this._processWithdrawal.bind(this, w.tid, multiAccount)
      await utils.retryAsync(fn, 3, 10 * 1000, onError)
      library.logger.info('Gateway withdrawal transaction processed', w.tid)
    } catch (e) {
      library.logger.warn('Failed to process gateway withdrawal
        transaction', { error: e, transaction: w })
    }
  }
  app.sdb.update('GatewayLog', { seq: withdrawals[withdrawals.length -
    1].seq }, withdrawalLogKey)
  this._sdb.saveLocalChanges()
}
```

在各种验证条件都通过以后，processWithdrawals 会调用 processWithdrawal 对提现交易进行处理。其基本逻辑是：跨链网关节点如果发现一笔新的提现交易，则会使用 createNewTransaction 创建一笔新的交易并签名。如果节点发现交易已经被签名过一次的话，则会直接在原来交易的基础上进行签名。代码如下：

```
async _processWithdrawal(wid, multiAccount) {
  let contractParams = null
  const w = await this._sdb.load('GatewayWithdrawal', wid)
  const account = {
    privateKey: this._outSecret,
  }
  if (!w.outTransaction) {
    const output = [{ address: w.recipientId, value: Number(w.amount) }]
    library.logger.debug('gateway spent tids', this._spentTids)
    const ot = await this._createNewTransaction(
      multiAccount,
      output,
      this._spentTids,
      Number(w.fee),
    )
    this._spentTids =
      this._spentTids.concat(this._getUtil().getSpentTidsFromRawTransaction
       (ot.txhex))
    library.logger.debug('create withdrawal out transaction', ot)

    const inputAccountInfo = await this._getGatewayAccountByOutAddress(ot.
      input, multiAccount)
    library.logger.debug('input account info', inputAccountInfo)

    const ots = await this._signTransaction(ot, account, inputAccountInfo)
    library.logger.debug('sign withdrawal out transaction', ots)

    // gateway.submitWithdrawalTransaction
    contractParams = {
      type: 404,
      secret: this._secret,
      fee: 10000000,
      args: [w.tid, JSON.stringify(ot), JSON.stringify(ots)],
    }
  } else {
    const ot = JSON.parse(w.outTransaction)
    const inputAccountInfo = await this._getGatewayAccountByOutAddress(ot.
      input, multiAccount)
```

```
    const ots = await this._signTransaction(ot, account, inputAccountInfo)
    // gateway.submitWithdrawalSignature
    contractParams = {
      type: 405,
      secret: global.Config.gateway.secret,
      fee: 10000000,
      args: [w.tid, JSON.stringify(ots)],
    }
  }
  await PIFY(modules.transactions.addTransactionUnsigned)(contractParams)
}
```

等有足够多的跨链网关节点进行签名以后，sendWithdrawal 会把这些签名按照合适的顺序拼装起来，封装成一笔完整的交易并利用全节点广播到对应的主链网络里，代码如下：

```
async _sendWithdrawal(outTransaction, outTransactionSignatures,
  multiAccount) {
  try {
    const ot = outTransaction
    const ots = outTransactionSignatures
    const inputAccountInfo = await this._getGatewayAccountByOutAddress(ot.
      input, multiAccount)
    library.logger.debug('before build transaction')
    const finalTransaction = this._getUtil().buildTransaction(ot, ots,
      inputAccountInfo)
    library.logger.debug('before send raw tarnsaction', finalTransaction)
    const tid = await this._sendRawTransaction(finalTransaction)
    return tid
  } catch (e) {
    library.logger.error('Error: ', e.message)
  }
}
```

至此，提现的流程全部结束。

Asch 的跨链实现仍然在不断完善，网关的奖惩机制、Bancor 协议等也都在逐步实现。读者可以继续去 Asch 的源码仓库查看最新的实现。

利用 Asch 提供的开发工具和接口，开发者可以很容易地开发出符合自己应用场景的区块链应用。Asch 链上的所有资产，包括通过跨链机制转移过来的其他主链的资产也都可以在区块链应用内部使用。对于 Asch 来说，跨链资产的导入丰富了 Asch 的

“一链多币”的生态，生态里的 DApp 开发者都可以导入其他公链的优质资产到自己的 DApp 内使用。

另外，对于很多性能比较差的公链来说，资产转移到 Asch 链可以极大地提高转账效率。以比特币为例，比特币在自己的链上每秒的 TPS 非常低，并且一般需要经过 6 个确认（也就是一小时的时间）才被认为是安全的。而在 Asch 链上，基于 Asch 的 DPoS+PBFT 的算法，10 秒就可以进行一次确认，而且每秒可以达到上千的 TPS。手续费也只收 0.1 个 Asch 币，这对比特币的转账效率是一个极大的提升。

9.4 本章总结

跨链技术是目前公认的区块链下一步的发展方向。Asch 在跨链领域率先进行了探索，并且实现了和一些公链的跨链互通。希望读者能够沿着本章的内容继续深入探索，这个领域才刚刚开始。

参考资料：

- Chain Interoperability：
  https://static1.squarespace.com/static/55f73743e4b051cfcc0b02cf/t/5886800ecd0f68de303349b1/1485209617040/Chain+Interoperability.pdf。

第三部分 Part 3

DApp 开发实战

开发区块链应用目前主要有以下三种方式：

- 从底层开始，从零开始打造一个区块链的应用。这需要实现加密算法、P2P 通信以及共识算法等。这种方式成本高、周期长，并且技术难度也非常高。这就好比你为了开发一个 Web 应用，可能先需要自己写一套操作系统出来。
- 寻找一个靠谱的区块链应用开发平台。只需要关心业务逻辑，关心应用和区块链结合的部分就好，其他的底层技术全部由平台提供。这就好比你去阿里云买了台云服务器，底层的事情不用关心，只需要部署你的代码就好了。这也是阿希链在区块链时代所做的事情。
- 基于其他的区块链应用改造。因为现在代码都是开源的，包括阿希链也是。你完全可以 fork 其他项目的代码根据自己的需求进行修改。这就好比你把 Linux 的核心代码拉过来，重新封装成一个发行版。这对大部分开发者来说也是没必要的。

最快最直接的方式就是选择一个区块链平台。本书将介绍如何基于阿希链开发一个区块链应用（DApp）。我们会带领大家从零开始开发一个类似于 Hackernews 的新闻媒体应用。

第 10 章 Chapter 10

DApp 设计与开发环境搭建

这一章我们来学习 DApp 开发。让我们从 DApp 设计者的角度，阐述如何从零到一设计一个 DApp，在这个过程中我们会发现，DApp 与传统的互联网服务有很多相似之处，但是也有很多不同之处，这些差异会影响很多功能实现，甚至会遇到一些使用传统系统开发的方案无法解决的问题。通过解决这些问题，也能帮助我们更深入地理解区块链应用。

10.1 DApp 整体设计

10.1.1 前期准备

开发之前我们需要对 DApp 有清晰的理解与认识，包括技术与业务需求、Token 设计等。

如果我们面对一个中心化的系统，可能只需要考虑技术与业务需求，并不需要关注以 Token 为中心的经济设计问题，但作为一个去中心化应用，想要整个生态运转良好，应该充分考虑应用中参与者在经济体中扮演的角色，并为各个角色设计 Token 的使用场景，包括如何流通，如何消耗，避免在各个场景中出现不可控的问题。经济设计需要在设计阶段充分思考，并作为需求设计的重要环节。

那么，一个好的经济设计是什么样的呢，在笔者看来，经济设计应当满足如下几点：

- 合理激励。
- 适当流通。
- 严格保护。
- 公平公开。

下面我们以名为 CCTime 的 DApp 为例，简要阐述如何从业务、经济、代码三个层面完成 DApp 的设计。

10.1.2 业务需求描述

CCTime 的项目定位是基于区块链的 Hacknews，作为分享信息内容的应用，鼓励创作者与参与信息交流者，通过打赏和点赞消耗 Token 的形式，促进整个内容创作分享行为的活跃与可持续。通过设计激励规则，实现了一个简单的经济模型。

根据业务需求抽象出以下核心场景：

- 用户创建频道，作为内容容器，可在容器中发布文章或新闻。
- 用户在频道中发布文章或新闻，完成信息分享。
- 用户浏览主页内容，通过文章热度和发布时间排序内容。
- 用户浏览具体内容，对感兴趣的内容进行评论或回复评论。
- 用户打赏文章作者，根据不同模式执行不同的奖励结算策略。
- 默认模式，文章打赏 Token 一部分分给记账人，另一部分结算给作者。
- 抽奖模式，文章打赏 Token 延迟结算，暂时放在抽奖池中，开奖之后实时计算，一部分分配给记账人，一部分结算给作者，另一部分结算给中奖的打赏用户。
- 抽奖模式下，文章作者或受托人在开奖时间到达之后揭晓抽奖结果。
- 抽奖模式下，获奖的用户在开奖之后的文章中领取奖励。
- 默认模式中的结算在打赏时实时进行。
- 受托人举报频道、文章、评论，举报超过三次后，内容不再显示。

10.1.3　角色

参与 DApp 中的角色如下：

- 受托人
- 文章发布者
- 普通用户

1. 受托人角色

受托人角色相对比较固定，受托人被指定后不会频繁变化，如果需要修改受托人，目前的版本需要升级后实现。

受托人角色能够举报管理应用中的内容，仲裁者行使权力，通过举报功能净化整个 CCTime 应用的内容环境，防止应用传播不良信息。

但受托人的权利也不能过大，受托人不能单凭主观的判断去认定内容是否违规，这样就有可能使内容展示完全被受托人控制。为了避免这样的情况出现，受托人的权利应当分散，采用投票的机制，以免造成集权情况出现。应用初始化时受托人数量为 5，那么合约设为：如果举报的受托人数量超过 3 个，就过滤文章不显示在列表中。

2. 作者角色

当用户发布了信息或文章后，就成为这篇内容的作者，同时拥有了获得文章打赏奖励的权利和指定文章结算类型的权力。目前支持的文章结算类型为两种——默认模式与抽奖模式。默认模式中文章所得打赏奖励拆分为两部分：一部分奖励给受托人，一部分奖励给作者。抽奖模式中，文章打赏奖励分为三部分并且按照内容作者指定的结算时间延时结算；一个周期内的打赏奖励会被汇总，周期结束后用抽奖算法结算奖励：一部分分给受托人，一部分给作者，另一部分作为抽奖奖励给打赏的幸运用户；之后内容结算策略切换为默认策略。

文章作者可根据自己的需要选择文章奖励类型，也能够根据之前的奖励情况设置不同的抽奖模式结算周期。

优秀的文章会排序靠前，而决定其是否优秀的判断条件是把收到的打赏金额累计，排名靠前的文章作者会有更多的曝光率，从而吸引更多的打赏，获得更高收益。相对默认模式来讲，抽奖模式可能会更吸引用户参与打赏，赚取额外收益。

不过在抽奖模式下也会出现极端问题，如果作者设置了抽奖模式的文章，但没有在周期结束的时候手动触发抽奖程序进行奖励结算，这就损害了参与打赏的用户利益。如果在中心化的系统中，这个问题应该不存在，直接设计为系统自动开奖结算，通过一个后台运行的守护线程就能够完成文章抽奖数据状态的更新。

可是 DApp 使用这样自动结算的方式就要慎重考虑，虽然自动结算可以通过区块创建的事件处理函数实现（后续会介绍），但是面对未知数据量的情况下，多个节点产生大量的数据会造成多个节点同步的负担。为此，需要采用手动结算，用效率换稳定，虽然和传统的应用开发思路相悖，但也是目前去中心化应用首要考虑的问题。

回到结算问题上，既然不能使用自动结算，那么就需要对上面提出的极端问题进行专门处理，这时候可以引入第三方角色进行结算操作，由一个利益不相关的第三方角色去执行结算更容易被参与者接受。那么受托人角色可以担此重任，为延时的抽奖类型的文章执行抽奖合约。

3. 用户

用户是通用角色，可以评论文章，打赏文章，回复评论和为评论点赞。当然也有创建频道、发布文章的权限。

中心化的应用中，会限制普通用户的权限，甚至会要求用户进行身份认证，手机绑定等等资料，来提高其作恶的成本，关键信息的创建更是需要中心化的组织审核通过后生效。

那么在去中心化的应用里，用户没有可以与现实世界身份绑定的方式，在系统中只有一个昵称或地址，作恶的成本非常低，如何避免系统功能被滥用，从而保证应用稳定呢？答案是通过经济模型代替审核与中心化治理。

下面我们来聊一聊经济模型的设计。

10.1.4 经济模型

去中心化应用可以理解为一系列智能合约的集合，智能合约执行的每一次写操作，都要消耗系统计算资源，系统的计算资源由受托人提供，那么为了保证合约的顺利执行和网络的稳定，就需要给受托人一定的激励。激励从哪里来？当然是合约的调用者，合约的调用者花费一部分 Token 作为执行合约的手续费，而这些受托人获得执行手续费来作为维持网络稳定的奖励，Token 可以通过合约在两个角色中流通，这样就建立了一个小小的经济基础循环。

这样就够了吗？当然不是，前面提到的问题还没有解决，虽然我们的系统没有很明显的权限设置，也就是任何人都可以调用有权限的合约，那么如此一来系统会面临一些风险，例如：频道创建合约被频繁调用是不合理的，如果人人都去创建自己的频道，不但受托人难以管理，也会改变频道存在的本质，进而影响内容的管理，既然不做权限的限制，就要借助 Token 对合约调用的费用进行调整。对服务而言，创建频道和创建文章的消耗是差不多的，但对整个应用的影响是不同的，因为一个频道的管理成本和认知成本，相对于一篇文章的成本高很多，所以在频道创建的处理上，要有一些限制，可通过提高创建频道合约的手续费来限制。这样对受托人来说，也是合理的激励，因为收取了高额的频道创建手续费而有频道管理的义务。

其实调整手续费的目的是规范用户行为，通过调低合约手续费可鼓励用户调用，调高手续费可限制用户调用。这样维持一个平衡，保证系统不会出现不可控的情况。

刚才提到了受托人角色可以通过提供计算资源来获取 Token 奖励，作者通过文章打赏来获取 Token 奖励，那么用户有什么动机参与到应用中呢？一个用户的激励来自如下两个方面：

- 对优质文章进行评论，如果评论足够好有机会获得作者或其他读者的赞赏。
- 参与抽奖打赏，有概率获得开奖奖励。

如何吸引用户对优质的文章进行打赏呢，抽奖算法是一种解决方案，收集一个周期内的打赏金额，在周期结束之后汇总，按照用户打赏的金额计算出获奖的比例，通过随机抽选的方式选出幸运用户，除去受托人和作者的奖励，余下的全部返还给中奖的打赏者，这样既能激励参与者对文章进行打赏，又能从鼓励创作者获得更多的收益。

引入了抽奖的模式就应该保证抽奖的规则完全公平，并且抽奖的结果是不可能被准确预测的，那么抽奖的算法就需要好好设计，奖池中的金额是根据所有的打赏金额汇总而来，如果奖励完全随机，不根据打赏金额的权重计算，很可能出现人人都参与很小金额的打赏，每篇文章都打赏一遍来增加自己中奖概率的情况，这样也不是不可以，但从整体来看，不利于鼓励优质内容创作者获得收益。所以这种行为通过奖励策略来约束。

每个人可以重复打赏，首先要保证每个人的打赏金额在奖池中所占的比例和权重可以通过自己不断追加打赏额而增加，这里包含了一个竞争模型，抽奖算法如果考虑权重，会激发打赏的用户为了提高获奖概率，追加自己的打赏，这对内容的生态繁荣是一种推进。

业务需求和经济模型差不多完成设计了，下面进行代码设计。

10.1.5 代码设计

我们都知道，区块链就是一个分布式数据库，它提供了读写接口给使用者。合约调用写服务，接口提供读服务，那么首先需要设计合理的数据库结构，承载读写功能。

依然以 CCTime 为例，下面展示数据库结构的设计。

1. channels——频道

频道是文章的容器，新增文章要指定频道 ID，且频道可被受托人举报而封禁，频道中保存了文章内容和打赏数量等信息，频道名称全网唯一，不允许出现重复。参见表 10-1。

表 10-1 频道表

属性	类型	长度	非空	默认值	备注
id	String	20	√		唯一编号
tid	String	64			合约交易 ID
creatorId	String	50			创建者的地址
timestamp	Number		√		创建的时间戳
name	String	256			频道的名称
icon	String	256			频道缩略图地址
desc	String	1024			描述
reports	Number			0	被举报次数
articles	Number		√	0	文章数量
votes	Number		√	0	打赏数量

articles 与 votes 作为统计字段对当前频道下的内容数量和打赏数量进行统计。

2. articles——文章

文章分为链接与内容两种形式，结算类型分为默认模式与打赏模式；打赏模式下需要给文章指定结算高度。参见表 10-2。

表 10-2　文章数表

属性	类型	长度	非空	默认值	备注
id	String	20	√		唯一编号
tid	String	64			合约交易 ID
authorId	String	50			创建者的地址
timestamp	Number		√		创建的时间戳
title	String	256			频道的名称
url	String	256			频道缩略图地址
text	String	4096			描述
reports	Number			0	被举报次数
comments	Number		√	0	评论数量
votes	Number		√	0	打赏数量
cid	String	20	√		频道 ID
settleHeight	BigInt			0	抽奖模式下的结算高度
awardType	Number			0	结算模式：0 为默认，1 为抽奖模式
awardState	Number			–1	结算状态：0 为默认，1 为未结算，2 为已结算

3. comments——评论

评论拥有嵌套结构，可以评论也可以回复评论，pid 字段作为回复节点的索引保存。参见表 10-3。

表 10-3　评论表

属性	类型	长度	非空	默认值	备注
id	String	20	√		唯一编号
tid	String	64			合约交易 ID
authorId	String	50			评论者地址
aid	String	20	√		文章 ID
pid	String	20			回复的评论 ID
content	String	4096			评论内容
reports	Number			0	被举报次数
rewards	Number		√	0	评论打赏的数量

4. votes——打赏

文章打赏在不同结算模式下的储存有不同的储存策略。参见表 10-4。

表 10-4 打赏表

属性	类型	长度	非空	默认值	备注
id	String	20	√		唯一编号
tid	String	64			合约交易 ID
aid	String	20	√		文章 ID
voterId	String	50			打赏者的地址
timestamp	Number		√		创建的时间戳
amount	String	50			打赏金额
type	Number		√	0	结算类型：0 为默认，1 为抽奖模式
awardState	Number			–1	结算状态：0 为默认，1 为未结算，2 为已结算
settleAmount	Number		√	0	中奖金额，未中奖则始终为零

打赏在不同的模式下使用不同的更新策略，默认模式每一次的打赏记录作为一条新的记录保存；而抽奖模式下为了汇总方便（后续抽奖合约详述），同一地址的打赏金额会在一个记录下累加，金额汇总在 amount 字段中。同时创建一条 bids 记录，记录用户在当前抽奖周期内的打赏记录。

5. bids——抽奖模式下的打赏记录

作为抽奖模式下打赏记录的一种补充。参见表 10-5。

表 10-5 打赏记录表

属性	类型	长度	非空	默认值	备注
id	String	20	√		唯一编号
tid	String	64			合约交易 ID
vid	String	50			打赏记录 ID
aid	String	20	√		文章 ID
voterId	String	50			打赏者的地址
timestamp	Number		√		创建的时间戳
amount	String	50			打赏数额

数据表格设计完成，接下来我们梳理一下项目结构。

10.1.6 DApp 的目录结构

DApp 的目录结构与普通的 Web 项目相似，只不过 Asch 为了主网的稳定和安全，对侧链的 DApp 进行权限保护，通过 VM 的方式包装了一个沙盒，为沙盒注入处理合约需要的函数或全局对象，比如 app、blocks 、trs 等对象。

如下所示的 contract 目录，就是载入 JavaScript 虚拟机中执行，这样既可以保证合约的图灵完备性，又可以把 DApp 可能造成的风险控制在安全的范围内。合约本质上也是服务，只不过这些服务执行了写操作，所以就和接口目录中负责读服务的代码分开了。虽然“合约”与“接口”是按照读写职责分离的，但是在结构设计的时候依然是以实际的需求为主。示例目录结构如下：

```
// 目录结构

├── .eslintrc.js          -- eslintrc 配置
├── .gitignore            -- git 配置文件
├── README.md
├── blockchain.db         -- 数据库文件
├── config.json           -- DApp 配置文件，存放受托人私钥信息
├── contract              -- 合约目录，所有的合约存放在此
│   └── cctime.js          -- CCTime 核心代码逻辑
├── interface             -- 数据查询接口目录
│   └── index.js           -- 接口代码文件
├── DApp.json             -- DApp 元信息配置
├── genesis.json          -- 创世区块内容
├── init.js               -- DApp 初始化文件，包含合约注册和合约设置，稍后会详述
├── lib                   -- 工具库
│   ├── constants.js        -- 常量文件
│   ├── interval-cache.js -- 接口端缓存文件
│   └── utils.js           -- 工具函数，抽奖算法等
├── logs                  -- 日志目录，包含了 DApp 运行的 log，log 等级可根据需求调整
│   └── debug.20180426.log -- 当天会生成新的日志文件
├── model                 -- 模型目录
│   ├── article.js
│   ├── bid.js
│   ├── channel.js
│   ├── comment.js
│   ├── report.js
│   └── vote.js
├── package.json
├── public
│   └── index.html
└── test                  -- 测试目录
    ├── cctime.js
    └── lib               -- 测试使用工具库
        ├── base.js
        └── utils.js
```

下面我们对项目结构中较为核心的文件进行简要讲解。

1. blockchain.db（数据库文件）

这是去中心化应用的核心文件，所有的数据经过多节点验证确认之后都会储存在这里，如果 DApp 有多个受托人那么 db 文件就会存在多个副本。有兴趣的读者可以用 SQLite3 客户端打开看一看其中的数据模型，当然也能找到区块结构和自己设计的模型表，不过这个文件要等到侧链启动成功之后才会出现。

2. config.json（配置文件）

这是存放着受托人助记词的文件，这里需要说明一点，区块的打包和确认是需要达到一定的验证数量，才能写入到链上，也就是写入 blockchain.db 文件中，那么受托人配置就是指定受托人身份。可以多个节点配置多个受托人（每个节点一个受托人），也可以单个节点配置多个受托人，也就是一台机器多个受托人。

我们在初始化 DApp 时，命令行工具会让我们指定受托人数量，当前允许的最小数量为 5，那么测试节点的受托人配置就是单机节点配置 5 个受托人，如下所示：

```
{
  "peers": [], // 节点配置，测试环境暂不配置
  "secrets": [ // 受托人配置
    "fit night someone unveil dwarf believe middle evidence puzzle hotel
      common choose",
    "lawsuit ride civil slice kitchen unfold unable lumber prevent suspect
      finger chunk",
    "absurd sweet blast dinner battle zero ladder steak coral fork venture
      coffee",
    "topic ramp throw cloud moment jungle bar series task protect erupt
      answer",
    "hoot tired know dish rally kiwi snack patrol bunker ocean panel this"
  ]
}
```

我们看到，这是作为测试节点的单机配置。虽然是单机，但依然要配置至少 5 个受托人才能生产区块。这里需要的受托人并不是物理节点的受托人（实际中的 5 台机器），而是需要这些私钥对区块进行签名，可以理解为五名受托人在同一个节点达成共识，签名区块，就能把数据写入链上，实际上按照 Asch 的 PBFT（拜占庭容错算法）只需要区块达到三分之二以上的受托人签名即可写入区块。

因此，我们要从共识的机制去理解受托人和节点的不同，这有助于我们获得应用开发和部署设计的全局视野。

另外，受托人不仅可以打包区块，也是一种特殊权限的角色，下一章会详细阐述。

3. genesis.json（创世区块）

创世区块就是链条的起点，也是预置在 DApp 启动之前的，里面包含了创始区块的所有信息，结构如下：

```
{
  "delegate": "0926b2269d1f6b7f194ef57c548cc7a3f340fb06156ea31014ab7bd9e562
    fb15",
  "height": 1,
  "pointId": null,
  "pointHeight": null,
  "transactions": [
    {
      "fee": "0",
      "timestamp": 0,
      "senderPublicKey": "63a3e14d14f802b739e4326c832f2b827ca05146e8f9880421a
        1663b1bb97b7f",
      "type": 3,
      "args": "[\"XCT\",\"10000000000000000\",\"AAjoobuMcmkQ1gS8vTfBy3dQavBiH
        7sBCF\"]",
      "signature": "f3876e5859a02a205c72c3858da822e49ccf0846aa2033ed21ff847ff
        bdfc4ec27bb7a90b8872966eca46ce584ca13eca4ed35d74ed1077652d6236d30bce105",
      "id": "3c7f2c31f512002eefc7a767d33a18bd8a33e353b4315ea4e7daa78797ff1cb9"
    }
  ],
  "timestamp": 0,
  "payloadLength": 105,
  "payloadHash": "44480588769834334f75551ffe36c4a98667bf1ed22cdce104697e8bf92
    1639c",
  "count": 1,
  "signature": "1b0c187956d2f0c1c5e209e08f9ca09b7a9196ad07a40ab4edbae7e960a23
    3999f3367fab0a113b9ca75e4ac30eed51a966fc15d4041c2f6f88e2140407acf09",
  "id": "f923a4de1d6093046eff80e737eadfc520656f70802e47dccb5c99304bf9909d"
}
```

这个结构与 blockchain.db 中的结构相同，也是节点之间广播同步区块所使用的数据格式。其中：

- ❑ delegate：产块受托人，侧链的受托人同样按照顺序产块，使用命令行注册

DApp 的时候录入过受托人信息，那么创始区块的 delegate 属性也是五个受托人其中一个的公钥。

- height：必须是 1。
- pointId：主链区块的 block ID。
- pointHeight：主链区块的高度。pointId 与 pointHeight 都是为了与主链同步验证而使用的，如果侧链区块中的 pointId 和 pointHeight 与其他的节点不同，那么就表示与主链的区块不同步了。为什么要保证与主链的区块同步呢，这涉及主链资产与侧链的交互，保证主侧链的资产安全。
- transactions：合约交易记录，这些合约涉及区块之间的同步。首先，交易的记录在创建后在节点之间广播，这些被广播的交易就存放在当前的区块数据中，十秒周期结束之后，节点开始验证区块，按照广播顺序验证合约。我们也看到交易里存放了很多条合约执行的记录，包括转账与自定义合约等，这些合约参数在各个节点中都可以执行并验证。最后判断是否同步，如果同步则写入区块，不同步则回滚区块。

数据结构如下：

- fee：合约执行的手续费，按照 bignum 的类型储存 timestamp 合约执行时的时间戳。
- senderPublicKey：合约调用者的公钥。
- type：合约类型。
- args：合约执行参数列表。
- signature：合约调用者签名的 Id。
- payloadLength：作为验证区块中发生交易的数据长度。
- payloadHash：区块中交易的 hash 摘要。
- count：区块中发生的交易数量。
- signature：区块生产者的签名。

整个区块的信息分析完毕，下面我们继续看一下 DApp 的配置文件。

4. DApp.json（应用元信息）

这个文件是在根据主链注册 DApp 的环节中填写的参数生成：

```
{
  "name": "cctime",
  "link": "https://github.com/AschPlatform/asch-DApp-cctime/archive/master.zip",
  "category": 1,
  "description": "Decentralized news channel",
  "tags": "asch,DApp,demo,cctime",
  "icon": "http://o7dyh3w0x.bkt.clouddn.com/cctime.png",
  "type": 0,
  "delegates": [
    "afdf69f0da9ff333218f2cd10cb0a907c2e76788f752b799cb1dab3a9f03bf63",
    "67d52a0265f9e5366660c8b384cee56d3f8b5737b2dd3c617d22df83b5ebef02",
    "39c2322600a0c81ecfa97119ec8e2d5bfb73394914d92b54e961846a987e4e22",
    "4740d2c16bf6c5a174eba1e0f859253a64851d30acbc9655b01394af82d3e325",
    "b433c226645981477642491f77de7b8d63274aa51f932bbe1fe3f445a8aaecc9"
  ],
  "unlockDelegates": 3
}
```

其中：

- icon：作为生成应用头像的外部 url 地址，用于在主链的应用展示。
- delegates：是侧链中各个受托人公钥。
- unlockDelegates：从 DApp 跨链转账资产时需要多少个受托人联合签名，该数字必须大于等于 3、小于等于你配置的受托人公钥个数且小于等于 101，数字越大越安全，但效率和费用越高。

5. init.js（初始化文件）

初始化文件作为 DApp 启动的入口文件，每次主链启动的时候都会运行 init.js，它的功能如下：

- 注册合约。
- 设置合约手续费。
- 初始化查询缓存文件。
- 注册 DApp 事件监听。
- 配置 logger 等级。
- 设置默认消耗 Token。

代码如下：

```
// 初始化文件
```

```
const IntervalCache = require('./lib/interval-cache')

module.exports = async function() {
  app.logger.setLevel('debug')
  app.logger.info('enter DApp init')

  app.registerContract(1000, 'cctime.postArticle')
  app.registerContract(1001, 'cctime.postComment')
  app.registerContract(1002, 'cctime.voteArticle')
  app.registerContract(1003, 'cctime.likeComment')
  app.registerContract(1004, 'cctime.report')
  app.registerContract(1005, 'cctime.createChannel')
  app.registerContract(1006, 'cctime.updateChannel')
  app.registerContract(1007, 'cctime.getReward')
  app.registerContract(1008, 'cctime.calculatePrize')

  app.setDefaultFee('10000000', 'CCTime.XCT')
  app.registerFee(1007, '0')
  app.registerFee(1005, '1000000000000')
  app.registerFee(1006, '50000000000')

  app.custom.cache = new IntervalCache(10 * 1000)

  // await app.sdb.load(
  //   'Vote',
  //   ['awardState', 'amount', 'voterId', 'timestamp', 'aid', 'id',
     'settleAmount', 'type'],
  //   [['id', 'voterId', 'aid']]
  // )

  // await app.sdb.load('Channel', ['name', 'reports', 'id'], ['id'])
}
```

（1）注册合约

app.registerContract 传入合约类型与合约目录中定义的方法，合约类型就是我们在区块信息中看到的 transactions 数组中的 type 属性，DApp 内置了三种合约默认合约：

- DApp 提现，type=2
- 内部转账，type=3
- 设置昵称，type=4

其余的自定义合约需要通过接口注册才能作为服务调用。

（2）设置合约手续费

合约手续费是 DApp 经济模型的一种重要体现，我们鼓励哪些合约，限制哪些合约，都是通过 Token 消耗来完成的，手续费不仅是用作激励也是对服务器与网络稳定的一种保护。

手续费设置方式是，先注册默认的合约消耗费与币种 setDefaultFee，这里也强调一点，Asch 的侧链应用是可以使用多种 Token 进行结算和消耗的，这样我们可以实现一个支持多币种的 DApp，如果未来 Asch 主链实现了跨链互通之后，也可以对接链外资产充值到侧链内部使用。

设置完默认手续费之后，可以设置单个合约费用，这里的费用都是用 bignumber 形式的字符串格式传入，需要考虑精度问题。

这里我们把创建频道的手续费设置为 1000 XCT，更新频道的手续费设置为 500 XCT，目的是限制这些重要数据的频繁变动，因为在社群论坛中，很少出现修改版面或频道的情况，而且这些信息的修改会造成比较大的影响，所以我们在合约调用上进行了限制。

（3）设置缓存文件

app.custom.cache = new IntervalCache(10 * 1000) 这段代码维护了一个全局的 map，每十秒钟会清空 map 中的内容，这些内容是在接口的一些查询中进行维护，每个区块打包周期之后进行数据清空，保证缓存的数据为最新数据。该文件会在接口编写章节详细说明。

（4）注册 DApp 事件监听

app.registerHook('beforeCreateBlock', function) 在 CCTime 中并没有用到，但是值得花一些篇幅叙述一下，这些事件作为每次区块生成之后的 hook 函数，可以实现一些业务逻辑，但是这里并不建议使用监听函数做过多的操作。为了保障系统的稳定，避免在每次区块调用的时候执行过重的查询与写入，可以将一些批量执行的操作分散在合约执行之中完成。也避免了过重的批处理逻辑执行阻塞查询或写入，严重的也可能会造成区块回滚。

所以在使用监听函数的时候，一方面要考虑到执行性能，另一方面要设计好数据写入的隔离。例如我们想要用事件监听的方式实现更新某种类型的数据字段，那么最好能够保证在数据更新的时候没有其他的合约会修改这些数据，换句话说，就是保证自动执行的数据不会与用户调用的合约写入造成冲突。

6. logs（日志文件）

日志文件中每天会生成新的文件，文件内容包含了区块侧链中区块信息和相关的错误记录。

7. model（数据模型）

这里存放了所有的数据模型，数据库的设计在前面已经详细说明，这里不再赘述，感兴趣的朋友可以去源码库学习：https://github.com/AschPlatform/DApp-book-code/tree/master/cctime/model。

8. test（测试目录）

测试目录中包含合约与接口的测试代码，lib 目录中有测试使用的工具库，详细内容会在之后的章节详述。

到这里我们就完成了整体项目结构的介绍，梳理了大致的项目概念，接下来就是动手开发了。

10.2 开发环境搭建

基于阿希链开发一个 DApp，首先需要开发者有一定的 JavaScript 基础。在此基础上通过前两部分的学习，也掌握了一定的区块链技术基础。这时就可以根据自己的需求开发一个 DApp 了。在正式开发之前，我们首先来配置开发 DApp 所需要的环境。

10.2.1 Asch 的网络类型

Asch 有三种网络类型，分别是 localnet、testnet 和 mainnet。其中 localnet 是跑在本地节点，后两种是发布到线上的，可通过公网访问。下面对这三种网络做一个介绍：

- localnet：是运行在本地、只有一个节点（101 个受托人都配置在本地的 config.json 文件中）的私链，主要是为了方便本地测试和开发。locanet 就是私有链。localnet 创建完成后使用密码“someone manual strong movie roof episode eight spatial brown soldier soup motor”登录钱包可以获取 1 亿的测试币。

- testnet：Asch 链公网测试环境，由多个服务器组成，具备完整的 P2P 广播、分布式存储等，在功能上跟 mainnet 一致，和 mainnet 的区别在于 magic 不同（可以理解为用于区分不同链的 id，目前 Asch testnet 的 magic 为 594fe0f3，mainnet 的 magic 为 5f5b3cf5）。testnet 的测试币需要向团队申请。
- mainnet：Asch 主网正式环境（http://wallet.asch.io），这个网络中的 XAS Token 会在各大交易平台进行交易，具有实际的价值。

我们建议开发者在进行 DApp 开发时，遵循以下流程：

第一步，在 localnet 开发、本地调试。

第二步，部署到 testnet，在 testnet 进行测试。

第三步，部署到 mainnet，项目正式发布。

接下来我们会讲解配置 localnet 的流程。

10.2.2 配置 localnet

1. 推荐服务器配置

操作系统：Ubuntu 16.06 x64 Node.js 版本：8.x.x。

2. 安装依赖

更新系统软件：

```
apt update
apt upgrade
```

安装依赖：

```
apt install curl sqlite3 ntp wget git libssl-dev openssl make gcc g++
  autoconf automake python build-essential -y
apt install libtool libtool-bin -y
```

安装 node.js（已安装的可跳过）：

```
curl -o- https://raw.githubusercontent.com/creationix/nvm/v0.33.2/install.sh
  | bash
export NVM_DIR="$HOME/.nvm"
[ -s "$NVM_DIR/nvm.sh" ] && \. "$NVM_DIR/nvm.sh"
[ -s "$NVM_DIR/bash_completion" ] && \. "$NVM_DIR/bash_completion"  # This
```

```
  loads nvm bash_completion

nvm install 8
```

3. 安装 Asch

从 GitHub 克隆源代码：

```
git clone https://github.com/AschPlatform/asch && cd asch && chmod u+x aschd
```

安装依赖包：

```
npm install
```

上一步如果安装失败，请删除目录 node_modules，多试几次。

启动应用：

```
./aschd start
```

如果前面几步安装正确，此时 aschd 应该正常启动了。可以使用 netstat -nltp 检查 4096 端口是否启动。

访问前端页面。此时访问 http://your-ip:4096，返回内容如下：

```
{
  success: false,
  error: "Error: Failed to lookup view "wallet.html" in views directory "/
    root/asch/public/dist""
}
```

不用担心，这是正常的，接下来我们构建钱包的前端界面。

4. 构建钱包前端界面

前端界面可以直接到 http://china.aschcdn.com/frontend-localnet.zip 下载并解压到 asch 目录里的 public/dist 目录。也可以基于 asch-frontend-2 仓库（https://github.com/AschPlatform/asch-frontend-2）自行编译。

此时登录 http://your-ip:4096，就可以看到和主网一样的钱包界面了。

5. localnet 的账户和受托人

所有的 localnet 里使用主密码“stone elephant caught wrong spend traffic success fetch inside blush virtual element”登录之后会有 1 亿个 XAS。101 个受托人信息记录在

config.json 中，受托人的余额随着区块的锻造而不断增长。

10.2.3　DApp Demo

1. 安装 asch-cli

作为 Asch 提供的命令行开发工具，asch-cli 提供了一系列在命令行下操作区块链的方法，下面会用到 DApp 相关的命令，所以需要先安装 asch-cli：

```
npm install -g asch-cli
```

2. 创建受托人账户

每个 DApp 都有独立的受托人，这些受托人负责区块的生产、资产的转账并且获取手续费。一个 DApp 最少有 5 个受托人，最多 101 个。在注册 DApp 之前，需要先生成受托人，收集受托人的公钥。

使用 asch-cli crypto -g 来生成账户，需要输入想要生产的账户个数：

```
root@iZ2ze7j0sus9exe3j2whbcZ:~# asch-cli crypto -g
? Enter number of accounts to generate 5
[ { address: 'AQ1FeHhiv1FQ2cvhNiuceWVcH7vVHMkv9s',
    secret: 'olympic cushion neither ill like dutch sound attract panel
      nation road recall',
    publicKey: '0352486d87c928918638c8a13c7e4765f2c9fa075318bd680b8d95e1cf1d6
      16f' },
  { address: 'A8RDwpDFL4kiJ6u81wRUqPFSJqmeq3ZHaZ',
    secret: 'hobby gather joke draft crisp author mixed media wide target
      romance save',
    publicKey: 'cbb3671d343628fe03fba2f0139b783a7b86445f79ee55c99bf5bbe380e4
      fb46' },
  { address: 'A33Pnj7wDAJKfG2RcWJdomWdUmcnw52MP6',
    secret: 'broccoli arm wine festival suffer supply tourist brown jump plug
      base caught',
    publicKey: '2f23a9659e32032910b8e078c0c980c6cb7c3a052a235a59079bfd6d608e
      cc95' },
  { address: 'AM5Y6wsb7n5Qu6X2Qfu8vqNYoncD1L6YRy',
    secret: 'meadow mesh virus video envelope defy fire price feel board
      together chat',
    publicKey: '351c081c470f41620f4709b6b3ca3721dc920d4e528b27b8fa4d88635e5
      3e128' },
  { address: 'A2MpzHYG6oRnbsyrh7AZPg6oDtG8Drzgci',
```

```
    secret: 'crisp sudden segment magnet concert leisure tank iron satisfy
      hint story floor',
    publicKey: 'cbd808111a08081f7dc93aafd9fe26a70216e3f42d927660ab8d15b7bdf89
      98c' } ]
Done
```

3. 创建模板应用

asch-cli dapps 提供了一系列管理 DApp 的命令：

```
root@iZ2zec1phkw1g90eg1qdw8Z:~# asch-cli dapps -h

  Usage: dapps [options]

  manage your dapps

  Options:

    -a, --add          add new dapp
    -d, --deposit      deposit funds to dapp
    -w, --withdrawal   withdraw funds from dapp
    -i, --install      install dapp
    -u, --uninstall    uninstall dapp
    -g, --genesis      create genesis block
    -h, --help         output usage information
```

我们这里使用 -a 来添加一个新应用。

创建 dapp 目录：

```
mkdir asch-dapp-test
cd asch-dapp-test
```

创建应用：

```
root@iZ2ze7j0sus9exe3j2whbcZ:~/asch-dapp-test# asch-cli dapps -a
Copying template to the current directory ...
? Enter DApp name helloworld
? Enter DApp description demo
? Enter DApp tags asch
? Choose DApp category Common
? Enter DApp link http://yourdomain/dapp.zip
? Enter DApp icon url http://yourdomain/logo.png
? Enter public keys of dapp delegates - hex array, use ',' for separator
  0352486d87c928918638c8a13c7e4765f2c9fa075318bd680b8d95e1cf1d616f,cbb3671d3
  43628fe03fba2f0139b783a7b86445f79ee55c99bf5bbe380e4fb46,2f23a9659e32032910b
```

```
  8e078c0c980c6cb7c3a052a235a59079bfd6d608ecc95,351c081c470f41620f4709b6b3
  ca3721dc920d4e528b27b8fa4d88635e53e128,cbd808111a08081f7dc93aafd9fe26a70216
  e3f42d927660ab8d15b7bdf8998c
? How many delegates are needed to unlock asset of a dapp? 3
DApp meta information is saved to ./dapp.json ...
? Enter master secret of your genesis account [hidden]
? Do you want publish a inbuilt asset in this dapp? Yes
? Enter asset name, for example: BTC, CNY, USD, MYASSET XCT
? Enter asset total amount 100000000
? Enter asset precision 8
New genesis block is created at: ./genesis.json
```

上面的命令完成后，创建一个 DApp 所需的文件基本都生产了。

说明：

- DApp link：为了方便用户自动安装，链接必须以 .zip 结尾。这个链接不要求一定存在，如果未打算开源可以输入无效地址。
- DApp icon url：该选项表示应用的 logo，用于在阿希链的应用中心展示，要求以 .jpg 或 .png 结尾。如果该链接失效，则应用中心会展示一个默认图标。
- How many delegates are needed to unlock asset of a dapp：这个选项表示从 DApp 跨链转账资产时需要多少个受托人联合签名，该数字必须大于等于 3、小于等于你配置的受托人公钥个数且小于等于 101，数字越大越安全，但效率和费用越高。
- Enter master secret of your genesis account：这里是创世账户，如果发行内置资产，那么最初的资产都在这个账户里。
- Do you want publish a inbuilt asset in this dapp：DApp 可以创建内置资产，但该内置资产只能在 DApp 内部使用，无法转回到 Asch 主链。一般建议在主链发行 UIA（用户自定义资产），然后将资产充值到 DApp 中，充分享受 Asch 侧链架构的优势。

4. 在主链注册 DApp

在正式部署 DApp 之前，需要先在主链注册。注册需要消耗 100 XAS，这里我们先生产一个账号，然后对其充值，再然后用这个账号来注册 DApp。

生成一个账号：

```
root@iZ2ze7j0sus9exe3j2whbcZ:~# asch-cli crypto -g
? Enter number of accounts to generate 1
[ { address: 'AcL2PfkURQHWzFi6iKRZGsESzhWUTvtNn',
    secret: 'remove sand cushion hobby royal voice game pony bounce sketch
      enact blast',
    publicKey: '5ce5d531b3cf4168e4487d985a0c9fd52c96fe74b3edd1ec8a9ac159c8
      5e5289' } ]
Done
```

使用 localnet 的创世账号对其转账：

```
root@iZ2ze7j0sus9exe3j2whbcZ:~# asch-cli sendmoney -e "someone manual strong
  movie roof episode eight spatial brown soldier soup motor" -a 100000000000
  -t AcL2PfkURQHWzFi6iKRZGsESzhWUTvtNn
1c368edaa65316611e5ae8e774943ea97104f1b0d703a4a0812e533bc4ccedca
```

返回交易 id，这里 -a 后面的单位为最小单位。查询余额：

```
root@iZ2ze7j0sus9exe3j2whbcZ:~# asch-cli getbalance AcL2PfkURQHWzFi6iKRZGsESz
  hWUTvtNn
100000000000
```

注册应用：

```
root@iZ2ze7j0sus9exe3j2whbcZ:~/asch-dapp-test# asch-cli registerdapp -f dapp.
  json -e "remove sand cushion hobby royal voice game pony bounce sketch
  enact blast"
7251e913394b521409d13310c50a938ad8a0a76e185a7d055a80b4d02e490c52
```

返回应用 id，这个一定要记住。

访问应用信息，在浏览器访问：

http://your-ip:4096/api/dapps/get?id=7251e913394b521409d13310c50a938ad8a0a76e185a7d055a80b4d02e490c52。

返回信息如下：

```
{
  success: true,
  dapp: {
    name: "helloworld",
    description: "ff",
    tags: "gg",
    link: "http://test.zip",
    type: 0,
    category: 1,
```

```
    icon: "http://test.log.png",
    delegates: [
      "0352486d87c928918638c8a13c7e4765f2c9fa075318bd680b8d95e1cf1d616f",
      "cbb3671d343628fe03fba2f0139b783a7b86445f79ee55c99bf5bbe380e4fb46",
      "2f23a9659e32032910b8e078c0c980c6cb7c3a052a235a59079bfd6d608ecc95",
      "351c081c470f41620f4709b6b3ca3721dc920d4e528b27b8fa4d88635e53e128",
      "cbd808111a08081f7dc93aafd9fe26a70216e3f42d927660ab8d15b7bdf8998c"
    ],
    unlockDelegates: 3,
    transactionId: "7251e913394b521409d13310c50a938ad8a0a76e185a7d055a80b4d02
e490c52"
  }
}
```

表明应用已经注册成功。

5. 部署应用到节点

拷贝应用到 asch 目录：

```
cp -r asch-dapp-test asch/chains/your-chain-name
```

修改受托人信息，这里填写上面生成的 5 个受托人的主密码：

```
root@iZ2ze7j0sus9exe3j2whbcZ:~/asch# cat chains/your-chain-name/config.json
{
  "secrets": [
    "olympic cushion neither ill like dutch sound attract panel nation road
      recall",
    "hobby gather joke draft crisp author mixed media wide target romance
      save",
    "broccoli arm wine festival suffer supply tourist brown jump plug base
      caught",
    "meadow mesh virus video envelope defy fire price feel board together
      chat",
    "crisp sudden segment magnet concert leisure tank iron satisfy hint story
      floor"
  ]
}
```

重启节点，访问 DApp：

```
./aschd restart
```

此时访问 http://your-ip:4096/chains/your-chain-name/ 界面应该如图 10-1 所示。

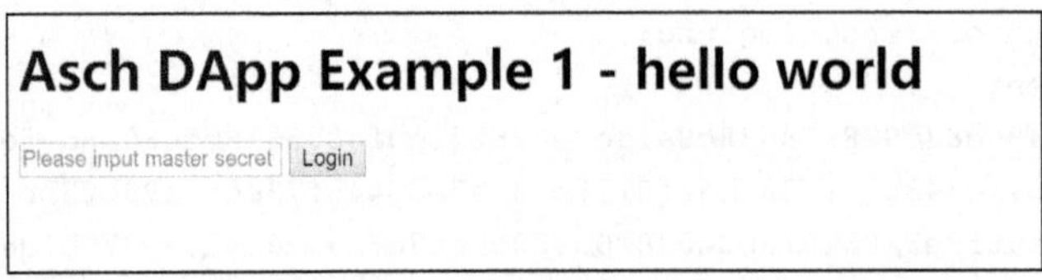

图 10-1　应用登录界面

6. DApp 的充值和转账

使用我们在创建 DApp 时填写的创世账户登录 DApp，可以看到我们发行的内置资产，如图 10-2 所示。

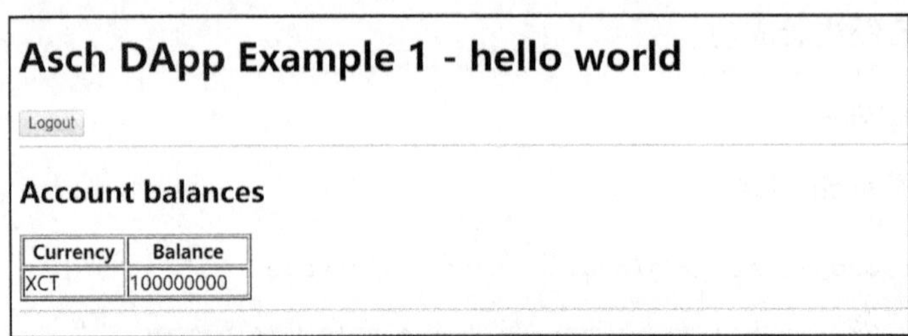

图 10-2　登录之后显示内置资产

其他主链上已经拥有的资产也可以充值到侧链里。主要有两种方式：1）Web 钱包；2）asch-cli。这里演示一下如何使用 asch-cli 向 DApp 充值：

```
root@iZ2ze7j0sus9exe3j2whbcZ:~/asch# asch-cli deposit -e "remove sand cushion
  hobby royal voice game pony bounce sketch enact blast" -d 7251e913394b52140
  9d13310c50a938ad8a0a76e185a7d055a80b4d02e490c52 -c XAS -a 10000000000
665d16d12b0434481c87ca702631f51da477ef107cee45a35dab8ffe600dfb8e
```

充值完成后，使用相同的主密码登录 DApp，可以看到 XAS 已经从主链转移到了 DApp 内部，如图 10-3 所示。

Asch DApp Example 1 - hello world

Logout

Account balances

Currency	Balance
XAS	100

图 10-3　从主链充值到侧链的资产

10.3　本章总结

本章从三个方面（业务模型、经济模型以及数据模型）阐述了如何设计一个 DApp。读者可以参考本章中的原则，根据自己的业务场景设计符合自己需要的 DApp，理解项目的目录结构对理解项目的实现逻辑很有帮助。在本章的最后，我们一起搭建了一个开发环境，这是进行后续开发的基础。

Chapter 11 第 11 章

DApp 合约开发与接口实现

本章主要介绍 CCTime 项目的合约开发、接口以及前端开发，通过本章的学习，读者可以知晓一个 DApp 开发的详细过程。

11.1 DApp 合约的开发

我们从合约代码出发，以点带面介绍合约的逻辑，并解释 Asch SDK 的使用方法，尽可能还原笔者在编写 DApp 合约时面临的问题，和当时的所思所想，也会抛开实际的问题，去思考问题的原理和本质。这样给编写合约的过程中遇到类似的问题，提供解决问题的思路，希望读者能有所收获。

合约编写其实就是写入接口的编写，通过调用合约对数据库执行写入操作。既然是写操作，就一定要对参数进行完整校验，同时也要对操作权限进行认证，因为数据一旦写入区块就无法篡改，所以对于写入的数据一定要慎之又慎，确保数据的录入是符合业务需求的。另外用户在同一种合约的操作，需要进行限制，避免重复的数据写入区块。

所以一个完整的合约需要包含如下要素：

- 数据校验。
- 错误提示。

- 避免重复操作。
- 数据记录。

根据业务需求中提到的功能，需要以下合约：创建频道、更新频道、发布文章、打赏文章、抽奖、发布评论、点赞评论、举报、结算抽奖、领取奖励。下面分别介绍

11.1.1　创建频道（createChannel）

创建频道合约用于创建一个新的频道，作为文章的容器，也会汇总显示文章数量和打赏数量，汇总之所以设计在频道的数据模型上，是因为查询汇总可能会有未知数据量的性能开销，我们把 Channel 表中的 articles 与 votes 更新放在了每一次的相关合约之中，比如创建文章的时候，我同时更新频道的文章数量，频道下文章获得打赏之后，也会增加文章的投票数量。

同理，如果文章被举报三次，在业务逻辑上来讲，它已经不存在了，那么相应的数据也需要做更新，更新频道的相关统计数据就非常有必要。创建频道的代码如下：

```
// 创建频道合约
createChannel: async function(name, url, desc) {
  app.validate('string', name, { length: { minimum: 3, maximum: 50 } })
  app.validate('string', desc, { length: { minimum: 50, maximum: 1024 } })
  app.validate('string', url, { length: { minimum: 10, maximum: 256 } })
  // 校验图片 url
  if (!utils.validateImgUrl(url)) {
    return 'Invalid image url'
  }
  // 数据查询
  let exists = await app.model.Channel.exists({ name: name })
  if (exists) {
    return 'Channel name already taken'
  }
  // 数据锁定
  app.sdb.lock('channel.create@' + name )
  // 从交易对象中取出数据
  const { id, senderId, timestamp } = this.trs

  app.sdb.create('Channel', {
    id: app.autoID.increment('channel_max_id'),
    tid: id,
    creatorId: senderId,
```

```
      name,
      url,
      desc,
      timestamp
    })
}
```

参数描述如下。

- name 为频道名称，保持唯一。
- url 为频道图片的网络地址。
- desc 为频道介绍。

1. 验证参数

在这个合约里，我们使用 app.validate(type,value,rules) 函数校验传入的字段，指定校验方法所需要的规则，对名称、描述、图片链接三个字段进行长度的校验。

仅仅做长度的校验完全不够，还需要校验参数是否符合规则，比如 url 需要有合法的格式，通过正则校验其是否合法，代码里使用了 utils.validateImgUrl 属性对 url 进行正则校验：

```
// utils
const urlReg = /(http|ftp|https):\/\/[\w\-_]+(\.[\w\-_]+)+([\w\-
  \.,@?^=%&:/~\+#]*[\w\-\@?^=%&/~\+#])?/
const imgReg = /^https?:\/\/([\w]+\.)+[\w]{2,3}(\/[\w]+)+\.(jpg|jpeg|png)+$/

...

module.exports = {
  validateUrl: url => urlReg.test(url),
  validateImgUrl: url => imgReg.test(url),
  aliasSampler
}
```

> **提示** 因为区块链分布式存储的技术还不完善，Asch 平台也不支持大文件储存，这里只能采取其他的方法，所有涉及图片的存储都使用 url 的形式，在前端页面中渲染，在用户使用的过程中差别不大。

2. 数据排重

接着合约中需要对频道的名称进行排重检验，这里使用了对数据库的查询接口，app.model.Channel.exists() 传入 object 类型的查询条件，即可异步返回 boolean 类型的查询结果。因为合约的方法前声明了 async 关键字，则可以直接在函数前使用 await 采用同步的语法获得 Promise 结果。

校验成功之后，就可以进行写入数据库的操作了，因为 DApp 的打包时间是 10 秒，所以数据库的写入确认需要 10 秒之后生效。由于应用中不允许出现相同名称的频道，那么，如何避免在这个区块时间中出现创建同名频道的合约调用，这需要使用 app.sdb.lock 函数确保创建此名称的合约在同一个区块是排他的，保证不会有同名的频道出现在数据库中。其中的参数为字符串类型，作为标识操作的 key 来储存。

这里简要说明一下 DApp 的区块打包，核心的原理与 Asch 主链相同——受托人轮流打包区块，其他受托人验证区块内容，如果应用的数据要同步写入区块，就必须有一套冲突处理的机制，假设一位用户在 DApp 节点 A 执行创建频道合约，频道名为“测试频道”，与此同时，另一位用户在 DApp 节点 B 执行了创建频道合约，频道名也为“测试频道”，那么节点 A 与节点 B 会出现数据冲突，不管是打包区块的节点还是验证区块的节点，都会汇总 A 节点与 B 节点的合约并执行，遇到 app.sdb.lock 之后验证是否已经被占用，如果出现错误回滚整个区块。

提示　大家应该发现 app.sdb.lock 是一个代价很大的接口，因为一旦被触发排他操作，就要回滚区块，所以建议开发者们慎用此接口，或者对调用接口的操作用手续费限制，在 CCTime 中，创建频道合约的调用手续费为 10000 个 Token。

3. transaction 对象

this.trs 对象存储了合约调用的信息，并作为变量被绑定在了 this 中，其结构如下：

名　称	类　型	备　注
id	String	交易 ID
senderId	String	发送者的地址
timestamp	String	时间戳
senderPublicKey	String	发送者的公钥

4. 写入数据

使用 app.sdb.create 向数据库写入数据，第一个参数为数据模型名称，第二个参数为 object 类型的对象，ID 生成接口使用 app.autoID.increment('key') 生成自增长的 ID 作为数据的 ID，这里要注意数据模型的配置，如果设置了非空字段，需要设置初始值，否则会保存不成功。

11.1.2 更新频道（updateChannel）

其实根据需求没有必要添加更新频道的接口，但是考虑到频道的创建通过外链的方式加载图片，外链的图片服务器可能会失效，于是提供了更新接口。Asch 的 SDK 暂时只支持更新一个字段，更新频道的合约也尽可能适用于频道的所有更新操作。

不过前面提到，不允许出现重名的频道，那么更新频道名称的功能必须要做限制，以免出现数据更新的问题。更新频道的代码如下：

```
// 更新频道信息
updateChannel: async function(cid, field, value) {
  if (field === 'desc') {
    app.validate('string', value, { length: { minimum: 50, maximum: 1024 } })
  } else if (field === 'url') {
    app.validate('string', value, { length: { minimum: 10, maximum: 256 } })
    if (!utils.validateImgUrl(value)) {
      return 'Invalid image url'
    }
  } else {
    return `Channel ${field} not support update`
  }

  let channel = await app.model.Channel.findOne({
    condition: {
      id: cid,
      reports: { $lt: 3 }
    }
  })
  if (!channel) return 'Channel was baned or not exists'
  if (channel.creatorId !== this.trs.senderId) return 'Permission denied'

  let updateObj = {
    [field]: value
  }
```

```
  app.sdb.update('Channel', updateObj, { id: cid })
}
```

参数描述：cid 为频道 ID field 更新字段 value 更新的值。

1. 参数验证

因为更新频道合约是一个稍微抽象的合约，支持传入要修改的数据库属性，根据属性修改对应的属性值，我们要对不同的属性提供不同的校验规则。我们看到，合约只允许执行 url 与 desc 两种字段的更新操作。

另外，需对传入的 cid 进行查询，判断是否在数据库中存在，避免一些错误参数调用对系统造成影响。app.model.Channel.findOne({condition:object}) 用来查询符合要求的单条数据，这里除了使用 cid 作为过滤条件之外，还添加了 reports 数量作为另一项过滤条件，因为超过举报条件的数据在系统中被视为删除，所以不予执行更新操作。

2. 权限验证

这里会对数据所有权进行验证，验证的判断条件：只有创建频道的人才有权限修改频道的信息，那么其他调用接口的人会返回“Permission denied”，很合理。

updateObj 作为动态的更新数据，拼装需要更新的对象，执行 app.sdb.update(modelName,updateObject,condition) 接口更新。

11.1.3　发布文章（postArticle）

发布文章合约是调用比较频繁的合约，这里要添加较为严格的参数判断，涉及不同的内容类型（如新闻链接类、原创内容类）和不同结算类型，也要对类型的数据进行相应逻辑处理。发布文章的代码如下：

```
// 提交文章
postArticle: async function(title, url, text, tags, cid, settleHeight) {
  if (!url && !text) {
    return 'Should provide url or text'
  }
  // 链接或内容只能选其一
  if (url && text) {
    return 'Both url and text are not supported'
  }
  if (!settleHeight) return 'Should provide settleHeight'
```

```
  if (settleHeight <= this.block.height + constants.SETTLE_BLOCK_PERIOD) {
      // 设置结算周期不能少于一星期
    return 'Settlement period between  24 hours and 1 month'
  }
  app.validate('string', tags, { length: { maximum: 256 } })
  app.validate('string', title, { length: { minimum: 5, maximum: 256 } })
  if (text) app.validate('string', text, { length: { minimum: 20, maximum:
4096 } })
  if (url) {
    app.validate('string', url, { length: { minimum: 15, maximum: 256 } })
    if (!utils.validateUrl(url)) {
      return 'Invalid url'
    }
  }
  // 验证内容
  if (text && text.length > 4096) {
    return 'Text too long'
  }
  if (!cid) {
    return 'Should provide channel id'
  } else {
    let exists = await app.model.Channel.exists({ id: cid, reports: { $lt: 3
} })
    if (!exists) {
      return 'Channel was baned or not exists'
    }
  }

  if (url) {
    // 对链接进行排重
    app.sdb.lock('postArticle@' + url)
    let exists = await app.model.Article.exists({ url: url })
    if (exists) {
      return 'Url already exists'
    }
  }

  let data = {
    title: title,
    url: url || '',
    text: text || '',
    // tags: tags,
    id: app.autoID.increment('article_max_id'),
    votes: 0,
```

```
      tid: this.trs.id,
      authorId: this.trs.senderId,
      timestamp: this.trs.timestamp,
      comments: 0,
      awardState: constants.AWARD_STATE.NOT_AWARD_YET,
      cid: cid,
      tags: tags,
      awardType: constants.AWARD_TYPE.STAKE,
      settleHeight
    }

    await app.sdb.create('Article', data)
    app.sdb.increment('Channel', { articles: 1 }, { id: cid })
  }
```

参数说明如下。

- title：标题。
- url：新闻链接。
- text：文章内容。
- tags：文章标签。
- cid：频道 ID。
- settleHeight：抽奖模式下的开奖时间，按照区块高度计算。

参数中的区块高度并非是主链的区块高度，而是侧链自身的区块高度，这里的区块生产周期也是 10 秒钟。

> 注意　发布文章的类型分为新闻类和内容类，数据通过 url 和 text 属性判断，两个属性只允许存在一个，但不能一个都不提供。

另外，为了鼓励用户参与打赏，发布文章的模式默认为抽奖模式，需要验证文章的高度参数。这里有一个建议：对一些关键参数的验证尽可能放在合约最前面执行，如果一些关键参数都无法通过校验，那么也就没有继续执行的必要了。

对于新闻类文章，我们对 url 参数也做了排重验证，这里不去过滤 reports ，防止违规地址的重复创建，增加审核成本。

因为文章是依托于频道创建的，所以这里也不能忘记判断频道的状态，在每次创建文章的时候需要检查频道是否存在，如果不存在或是被举报了，那么也要返回错误。

涉及一些数据的状态，为了方便开发与维护，我们引入了常量设置，用常量的命名来作为状态标识，例如 constants.AWARD_STATE.NOT_AWARD_YET 实际值是 1，表式待结算。常量设置代码如下：

```
// 常量配置文件
module.exports = {
  AWARD_TYPE: {
    DEFAULT: 0,
    STAKE: 1
  },
  AWARD_STATE: {
    DEFAULT: 0,
    NOT_AWARD_YET: 1,
    AWARDED: 2
  },
  SETTLE_BLOCK_PERIOD: 24 * 3600 / 10
}
```

之前提到了一些数据库统计字段需要在关联合约创建过程执行更新，创建文章之后，需要更新文章所属频道的 articles 属性。这里用到了 app.sdb.increment(modelName, updateObject, condition) 更新对应频道的文章统计数据。

将耗费资源的操作分散到一些小的操作中去，因为文章查询如果遇到大量需要统计的频道，会增加服务器的查询消耗，影响整个应用的使用体验。之后的投票和领奖的逻辑设计都会依照此原则。

11.1.4 打赏文章（voteArticle）

打赏文章合约的逻辑就稍微复杂一些，因为有两种不同的更新策略，所以需要一个合约两种执行策略。**默认模式**使用及时结算策略，奖励分为两部分：受托人奖励和作者奖励。**抽奖模式**则是延时结算，在执行的结算高度之前，所有的打赏金额不会立即结算，而是统计在数据库中，待区块高度达到文章指定高度时，文章发布者或者受托人执行抽奖结算，执行“抽奖合约”。根据打赏金额算出权重，再抽取一名幸运参与者，打赏总额作为奖励分为三部分给出受托人：作者和中奖者，将结果写入区块。最后，得奖用户执行“领奖合约”，获得结算奖励。

打赏文章合约包含事实结算或汇总奖池两种策略逻辑。我们先看代码：

```
// 打赏文章
voteArticle: async function(aid, amount) {
  if (!aid || !amount) return 'Invalid params'
  app.validate('amount', amount)
  // 获取用户余额
  let balance = app.balances.get(this.trs.senderId, VOTE_CURRENCY)
  if (balance.lt(amount)) return 'Insufficient balance'

  let article = await app.model.Article.findOne({
    condition: { id: aid, reports: { $lt: 3 } }
  })
  if (!article) return 'Article not found'

  let { awardType = constants.AWARD_TYPE.DEFAULT, cid } = article
  let res
  // 切换策略
  switch (awardType) {
    case constants.AWARD_TYPE.DEFAULT:
      res = voteDefaultSettle(article, amount, this.trs)
      break
    case constants.AWARD_TYPE.STAKE:
      res = await voteStakeSettle(article, amount, this.trs)
      break
  }
  if (!!res) return res

  let bAmount = bignum(amount)
  let increment = Number(
    bAmount
      .div(VOTE_UNIT)
      .floor()
      .toString()
  )

  app.sdb.increment('Article', { votes: increment }, { id: aid })
  app.sdb.increment('Channel', { votes: increment }, { id: cid })
}
```

参数说明：

- aid 为文章 ID。
- amount 为打赏金额。

打赏合约在校验完参数之后，需要进行余额校验，如果账户没有余额，则返回回错误，app.balances.get(address, VOTE_CURRENCY) 这个接口返回了一个 bignumber 对象，可以通过 bignumber.lt 函数判断当前账户余额是否足够执行打赏合约。

我们都知道 JavaScript 浮点数计算的精度问题，我们基于第三方开源库 bignum 进行封装，相对资产数额的保存也是按照包含精度信息的“大数”储存，例如，一项资产的精度为 8，发行总量为 21000000，那么它在系统中存储的形式为 '2100000000000000'，所以在开发的时候需要注意带上精度信息，系统中所有关于数额的操作都按以上的规则处理。

下面介绍编写不同的打赏策略。

投票操作会判断文章的奖励类型，如果是默认模式调用 voteDefaultSettle；抽奖模式调用 voteStakeSettle。这里纯粹是为了维护方便，把代码逻辑通过函数拆分，另一个考虑是为后续新的分配策略预留扩展，不管 awardType 是多少，都可以分发到新的代码逻辑处理。下面看一下不同逻辑的代码如何实现：

```
// 默认分配逻辑——也是实时结算逻辑
const voteDefaultSettle = (article, amount, trs) => {
  let bAmount = bignum(amount)
  if (bAmount.lt(VOTE_UNIT)) return 'Amount too small'
  amount = bAmount.toString()
  const { senderId, id, timestamp } = trs

  let authorReward = bAmount
    .mul(0.5)
    .floor()
    .toString()
  let extraFee = bAmount.sub(authorReward).toString()

  app.balances.decrease(senderId, VOTE_CURRENCY, amount)
  app.balances.increase(article.authorId, VOTE_CURRENCY, authorReward)
  app.feePool.add(VOTE_CURRENCY, extraFee)
  app.sdb.create('Vote', {
    id: app.autoID.increment('vote_max_id'),
    tid: id,
    aid: article.id,
    voterId: senderId,
    timestamp,
    amount: amount,
```

```
    type: 0
  })
}
```

以上代码逻辑是处理默认即时结算模式的奖励，VOTE_UNIT 是作为最小打赏额度设定，规定打赏额度不能低于某个固定值，金额设定依然使用 bignum 格式的数据。另外，余额计算为了避免出现精度问题，也会使用 bignum 库进行计算，默认结算方式是受托人获得打赏金额的 50%，剩余的 50% 结算给作者。

app.balances.decrease 用来减少打赏者的余额，app.balances.increase 增加作者的余额（50% 打赏额），再通过 app.feePool.add(VOTE_CURRENCY, extraFee) 将受托人奖励放入费用池。

我们留意一下费用接口 app.balances，这里是可以通过指定地址、币种名称与数额来完成余额操作的，那么我们就可以指定不同的资产，实现多资产转账。同理 app.feePool.add 函数也可以放入不同类型的资产，它直接进行了打赏额分发，最后把投票记录写入区块，受托人会平分手续费。

再来看抽奖模式的合约代码，这里包含了激励用户和随机抽奖的业务逻辑：

```
// 抽奖模式投票——汇总奖池抽奖逻辑
const voteStakeSettle = async (article, amount, trs) => {
  let bAmount = bignum(amount)
  if (bAmount.lt(VOTE_UNIT)) return 'Amount too small'
  amount = bAmount.toString()
  const { senderId, id, timestamp } = trs
  const aid = article.id
   const condition = { aid: aid, voterId: senderId, type: constants.AWARD_
TYPE.STAKE }

  // 防止在一个区块用户对文章内重复投票
  app.sdb.lock('cctime.vote@' + aid + senderId)
  let vote = await app.model.Vote.findOne({ condition: condition })
  app.balances.decrease(senderId, VOTE_CURRENCY, amount)
  let voteId
  if (vote) {
    voteId = vote.id
    app.sdb.increment('Vote', { amount: amount }, condition)
  } else {
    voteId = app.autoID.increment('vote_max_id')
    app.sdb.create('Vote', {
```

```
        id: voteId,
        tid: id,
        aid,
        awardState: constants.AWARD_STATE.NOT_AWARD_YET,
        voterId: senderId,
        timestamp,
        amount: amount,
        type: constants.AWARD_TYPE.STAKE
      })
    }
    // 添加抽奖模式的打赏记录
    app.sdb.create('Bid', {
      id: app.autoID.increment('bid_max_id'),
      tid: id,
      vid: voteId,
      aid,
      voterId: senderId,
      timestamp,
      amount: amount
    })
  }
```

我们先从实际场景分析一下，假设用户参与了抽奖模式的打赏，那么他也期待抽奖周期结束后有几率获得超出打赏额的回报。这里会有一些衍生的问题出现：第一个问题，如何保证抽奖算法随机；第二个问题，用户能否重复的打赏；第三个问题，开奖之后用户的打赏是否会有奖励。

第一个问题从算法层面的选型来看，抽奖就需要有一个完全随机的算法实现。第二个问题，从整个产品的层面考虑，我们当然希望用户多多参与打赏，鼓励更多的优质内容输出，这样限制打赏次数就不符合产品预期，所以应当允许用户重复打赏。

既然允许用户重复打赏，就需要考虑一个新问题——重复打赏和单纯的只打赏一次是否享受相同的中奖概率。这也是算法问题。第三个问题，开奖结束之后是否可以继续进行新的抽奖周期，从产品层面看，并没有必要，因为抽奖是为了促进用户参与打赏，也想鼓励优质内容，CCTime 的排序算法是按照时间与打赏数额为依据，时间在热度算法中权重更高。那么过了一定周期的文章尽可能地不鼓励用户继续打赏（当然也不禁止），而是希望能够更关注于新发布的文章。所以在抽奖周期结束之后，文章结算模式自动切换为默认模式，这样作者依然会有收益，只不过热度不会有抽奖模式下那么高，也能从另一个层面去促进内容创作者持续产出新的内容。上面代码就是用于解决这三个问题的。

11.1.5 抽奖设计

在设计之初，考虑到使用完全随机平均权重的方式进行抽奖，但是这样对重复打赏的用户并不公平，而且也起不到激励打赏行为的作用，如果一个用户只需要对文章打赏一小笔最小额就可以得到与其他用户相同的获奖概率，那就不太可能再次打赏。

所以累加用户的打赏权重，根据用户的打赏额来决定抽奖的概率，这样既可以提高优质内容的打赏收入，又可以促使用户为了提高自己获奖概率提高打赏金额或次数。也能避免参与人数过少，赏金无法超越打赏额的情况。那么算法不仅要随机，而且要在一定的权重下随机，于是使用到了“装备掉落”的算法。

假设你在一个装满不同种类奖品的不透明盒子里取出一个作为奖品，你取出什么样的奖品概率最高呢？当然是同种类数量最多的奖品。所以“装备掉落”就是固定了装备的种类（在合约里代表不同的打赏参与者），但每个种类的数量（在合约里是用户打赏的 Token 数量）决定了装备的掉落概率。

当然，如果用户完全不参与打赏，抽奖模式也就起不到任何鼓励作用。

合约里我们把 Vote 数据模型中 type 设为 1（抽奖模式的打赏）作为一条更新记录来维护，也就是说，在抽奖模式中如果用户之前在此文章中没有打赏记录，那么新建一条记录；如果之前有同类型的打赏记录，则累加之前的打赏金额。当文章抽奖结束，状态转变为默认模式，执行默认的模式。

另外因为抽奖模式中只更新 Vote 记录，我们又引入了另外一个 Bid 模型，作为保存抽奖模式参与记录。

回到合约代码，先校验参数和账户余额是否合法，通过打赏类型和用户地址判断当前文章下是否有重复的打赏记录，如果没有，添加一条新的打赏记录；否则更新用户原有的抽奖记录，累计金额。app.balances.decrease 用来扣除用户打赏额，打赏记录的累计金额未来在抽奖结算的时候作为奖池汇总使用。

因为牵涉到金额的变动，也需要对用户的打赏进行锁限制，避免用户重复打赏，这里因为余额的变动没有经过区块确认，如果用户在一个区块周期之内多次打赏额超出了余额，会导致交易失败。

11.1.6 发布评论（postComment）

发布评论可以针对文章也可以针对评论进行回复，如果大家掌握了之前的合约内容，应该能够自己写出发布评论的合约了，代码如下所示：

```
// 发布评论
postComment: async function(aid, pid, content) {
  if (!aid) {
    return 'Invalid article id'
  }
  if (!content) {
    return 'Invalid content'
  }
  if (content.length > 4096) {
    return 'Content size too long'
  }
  if (pid) {
    let exists = await app.model.Comment.exists({ id: pid })
    if (!exists) {
      return 'Reply comment not exists'
    }
  }
  app.sdb.create('Comment', {
    id: app.autoID.increment('comment_max_id'),
    aid: aid,
    pid: pid,
    content: content,
    rewards: 0,
    tid: this.trs.id,
    authorId: this.trs.senderId
  })
  app.sdb.increment('Article', { comments: 1 }, { id: aid })
}
```

参数说明：

- ❑ aid 为文章 ID。
- ❑ pid 为评论 ID content 评论内容。

这里通过 pid 参数判断是否为评论回复，另外对文章统计进行更新，细节不再赘述。

11.1.7　点赞评论（likeComment）

点赞评论合约完成的是一个转账流程，用户对文章的评论表式赞同，可以通过点赞形式给评论者奖励，代码如下所示：

```
// 点赞评论
likeComment: async function(cid, amount) {
  if (!cid || !amount) return 'Invalid params'
  app.validate('amount', amount)

  let balance = app.balances.get(this.trs.senderId, COMMENT_REWARD_CURRENCY)
  if (balance.lt(amount)) return 'Insufficient balance'

  let bAmount = bignum(amount)
  if (bAmount.lt(COMMENT_REWARD_UNIT)) return 'Amount too small'

  let comment = await app.model.Comment.findOne({
    condition: { id: cid }
  })
  if (!comment) return 'Comment not found'

   app.balances.transfer(COMMENT_REWARD_CURRENCY, amount, this.trs.senderId,
comment.authorId)

  let increment = Number(
    bAmount
      .div(COMMENT_REWARD_UNIT)
      .floor()
      .toString()
  )
  app.sdb.increment('Comment', { rewards: increment }, { id: cid })
}
```

参数说明：

- cid 为文章 ID。
- amount 为评论 ID。

app.balances.transfer（currency, amount, sender, receiver）接口实现了账户之间转账，通过 bignum 保证数额计算结果。

11.1.8 举报（report）

举报合约做了一层抽象，把对频道、文章、评论的举报功能在一个合约实现，并完成统计数据更新，代码如下所示：

```
// 举报
report: async function(topic, value) {
    if (!topic || !value) return 'Invalid params'
    // 通过 topic 判断举报的数据类型
    topic = Number(topic)
    if ([1, 2, 3].indexOf(topic) === -1) return 'Invalid topic'

    if (app.meta.delegates.indexOf(this.trs.senderPublicKey) === -1) return
      'Permission denied'

    let reporter = this.trs.senderId
    app.sdb.lock('cctime.report@' + value)
    let exists = await app.model.Report.exists({
      reporter: reporter,
      topic: topic,
      value: value
    })
    if (exists) return 'Already reported'

    switch (topic) {
      case 1:
        model = 'Article'
        break
      case 2:
        model = 'Comment'
        break
      case 3:
        model = 'Channel'
        break
    }
    let data = await app.model[model].findOne({ condition: { id: value } })
    // 对将要被标记为删除的数据进行统计处理
    if (data.reports == 2) {
      decreaseCount(model, data)
    }
    app.sdb.increment(model, { reports: 1 }, { id: value })
    app.sdb.create('Report', {
      reporter: reporter,
```

```
      topic: topic,
      value: value
    })
  }
}
```

参数说明如下。

- topic：举报类型，1 为文章，2 为评论，3 为频道。
- value：数据 ID。

注意 app.meta.delegates 属性，我们通过这个属性能够获得 DApp 的受托人公钥列表，可以通过对比合约调用者的公钥，验证他的身份是否为受托人。之前在业务设计中提到，受托人有权限同时也有义务对违规内容做清理，那么举报合约应该对受托人的身份进行验证。

另外，app.model[model].findOne 也实现了动态的模型查询，合约中对即将标记为违规的内容做统计更新，把统计逻辑拆分为 decreaseCount 函数，更新统计字段，代码如下所示：

```
// 更新被删除的统计字段
const decreaseCount = (model, data) => {
  if (model == 'Article') {
    let cid = data.cid
    let votes = data.votes
    app.sdb.increment('Channel', { articles: -1 }, { id: cid })
    app.sdb.increment('Channel', { votes: 0 - votes }, { id: cid })
  }
  if (model == 'Comment') {
    let aid = data.aid
    app.sdb.increment('Article', { comments: -1 }, { id: aid })
  }
}
```

合约只需要对应更新相关联的统计字段即可。

11.1.9　结算抽奖（calculatePrize）

结算抽奖合约调用条件是区块到达指定高度，并且合约执行人是文章作者或受托人。这里实现了抽奖算法，并执行奖励结算，代码如下所示：

```
// 开奖合约，计算奖励
calculatePrize: async function(aid) {
    if (!aid) return 'Invalid article id'
    let article = await app.model.Article.findOne({
      condition: {
        id: aid,
        awardState: constants.AWARD_STATE.NOT_AWARD_YET,
        awardType: constants.AWARD_TYPE.STAKE,
        settleHeight: { $lt: this.block.height }
      }
    })
    if (!article) return 'Article not exists or settle time not arrived'
    const isNotDelegate = app.meta.delegates.indexOf(this.trs.
      senderPublicKey) === -1
    const isNotAuthor = this.trs.senderId !== article.authorId
    // 判断权限
    if (isNotDelegate && isNotAuthor) return 'Permission denied'

    let votes = await app.model.Vote.findAll({
        condition: { aid: aid },
        fields: ['amount', 'id']
    })
    // 如果没有投票记录，则直接结束
    if (votes.length == 0) {
        app.sdb.update('Article', { awardState: constants.AWARD_STATE.AWARDED
          }, { id: aid })
        return 'Vote not exists '
    } else {
        let voteIdArr = []
        let probArr = []
        let votesSum = bignum(0)
        // 汇总打赏金额
        votes.forEach(v => {
            votesSum = votesSum.add(v.amount)
        })
        // 计算作者奖励
        let authorReward = votesSum
        .mul(0.3)
        .floor()
        .toString()

        // 计算受托人奖励
        let extraFee = votesSum
        .mul(0.1)
```

```
        .floor()
        .toString()

        // 计算奖金
        let stakePrize = votesSum
        .sub(authorReward)
        .sub(extraFee)
        .toString()

        // 统计打赏人员并算出每人的权重
        votes.forEach(vote => {
            voteIdArr.push(vote.id)
            probArr.push(
                Number(
                    bignum(vote.amount)
                    .div(votesSum)
                    .toString()
                )
            )
        })
        // 通过抽奖算法获取抽奖用户的编号
        let sampleFun = utils.aliasSampler(probArr)
        let index = sampleFun()

        let winnerId = voteIdArr[index]
        app.sdb.update('Vote', { settleAmount: stakePrize }, { id: winnerId })
        app.sdb.update(
            'Vote',
            { awardState: constants.AWARD_STATE.NOT_AWARD_YET },
            { id: winnerId }
        )
        // 分发奖励
        app.balances.increase(article.authorId, VOTE_CURRENCY, authorReward)
        app.feePool.add(VOTE_CURRENCY, extraFee)
        app.sdb.update('Article', { awardState: constants.AWARD_STATE.AWARDED
          }, { id: aid })
        app.sdb.update('Article', { awardType: constants.AWARD_TYPE.DEFAULT
          }, { id: aid })
    }
}
```

参数说明：aid 为文章 ID。

首先查询文章信息，我们用三个参数去过滤文章数据：文章类型、结算状态与区块高度，过滤条件为文章类型为抽奖模式，结算状态为待结算，结算的区块高度小于当前区块高度的条件过滤文章。这里使用 this.block.height 来获取当前区块的高度，侧链中每次创建新区块的时候会更新高度。

isNotAuthor 和 isNotDelegate 作为判断权限的依据，决定合约执行人是否能够执行结算。整体的逻辑是将当前文章下属于抽奖类型的投票记录全部查询出来，之前提到抽奖模式的打赏金额一个人可以累加金额多次，最终的打赏金额通过汇总累加，根据每个人的打赏额算出比例，即可得出每个人的权重。

将打赏总额分为三份，现在的策略是受托人奖励 10%，作者奖励 30%，剩余的作为奖金返还给中奖者。

抽奖算法：utils.aliasSampler(probArr) 方法中的参数是投票者投票额占总额的比重，这个顺序与 voteIdArr 中保存的 VoterId 索引相同，而 aliasSampler 返回的索引就是中奖者的索引，通过索引从 voteIdArr 中取到对应索引的打赏者的 ID，更新打赏数据与状态。之前在打赏合约的抽奖设计中提到需要一种随机但保证权重的算法，游戏中就有这样的算法，在游戏服务器中设置各种宝物的掉落概率，那么系统每次结算的时候都按照这个概率随机抽样掉落宝物，这样就符合随机且保证权量的目标。

掉宝算法不在这里详述，感兴趣的读者可以去代码样例库中学习。（https://blog.csdn.net/sky_zhe/article/details/10051967 这篇文章也给出了比较详细的解释。）

11.1.10 领取奖励（getReward）

领取奖励需要获奖人手动发起，也是考虑到服务器性能和区块链应用的特性，将已知的性能压力分散到可控的单项合约调用之中，那些需要批量执行或者自动触发的操作尽量避免，尽量采用用户主动发起的方式实现。

代码如下所示：

```
// 领取奖励
getReward: async function(vid) {
  if (!vid) {
    return 'Invalid param'
  }
  let vote = await app.model.Vote.findOne({
    condition: {
      id: vid,
      awardState: constants.AWARD_STATE.NOT_AWARD_YET,
```

```
      type: constants.AWARD_TYPE.STAKE
    }
  })
  if (!vote) return 'Vote not exists'
  if (vote.voterId !== this.trs.senderId) return 'Permission denied'
  if (vote.settleAmount == 0) return 'No reward'
  // 获取结算金额
  const { settleAmount } = vote
  app.balances.increase(this.trs.senderId, VOTE_CURRENCY,
    bignum(settleAmount).toString())
  app.sdb.update('Vote',{ awardState: constants.AWARD_STATE.AWARDED}, {id:
    vid})
  app.sdb.update('Article',{ awardState: constants.AWARD_STATE.AWARDED },{
    id: aid} )
}
```

参数说明：vid 为投票 ID。

领奖合约首先要对合约调用者的身份进行验证，通过投票的 ID 和结算状态对打赏的记录进行过滤，然后通过 Vote 中的比对合约检查调用者是否为打赏者本人。

> **提示** 去中心应用对权限的验证是分散在各个合约中实现的，因为所有的登录和身份都是不会在后端服务器或前端保存，我们也可以把 CCTime 作为一个前后端分离的服务来看，只是这个账户权限需要通过公钥或地址来验证。

合约之后的代码相信读者都能够看明白。受限于目前的实现，使用 app.sdb.update 接口，只能一次调用更新一个属性，未来 Asch 会将 SDK 升级到以面向对象的方式操作数据库接口。

11.2 DApp 接口的实现

这一部分我们来编写 DApp 的服务接口，以 RESTful 形式，对外提供数据查询服务，涉及数据组织和多次查询等操作，以接口形式对外提供服务。

接口在 DApp 中属于读操作，因为区块生成时间的限制，应用打包之后才会更新数据，那么我们的接口查询也只能每 10 秒更新一次，所以查询的结果可以通过之前提到的 IntervalCache 进行缓存，设置好缓存空间的时效周期即可。在访问量较大的情况下，

IntervalCache 可以减缓服务器压力。

那么查询缓存是如何实现的呢，我们来看下面的缓存实现的代码：

```
// 查询缓存  lib/Interval-cache.js

class IntervalCache {
  // 构造函数，设置数据重置周期
  constructor(interval) {
    if (!Number.isInteger(interval)) throw new Error('Invalid interval')
    this.interval = interval
    this.container = new Map
    setInterval(() => {
      this.container.clear()
    }, interval)
  }
  // 判断是否有缓存
  has(key) {
    return this.container.has(key)
  }
  // 设置缓存
  set(key, value) {
    this.container.set(key, value)
  }
  // 获取缓存
  get(key) {
    return this.container.get(key)
  }
}

module.exports = IntervalCache
```

代码只是维护了一个 map 结构，通过构造函数初始化一个清空缓存的周期，固定清空 container 的内容。在 init 文件中，调用 app.custom.cache = new IntervalCache(10 * 1000) 把缓存文件赋值给 app.custom.cache 交给系统处理。

以上代码只有对缓存的操作接口，具体的缓存使用是在每个接口进行查询之前和查询之后，进行获取和设置，通过不同的 key 作为索引，维护在 map 中。相当于把 map 维护的接口分散到各个对外提供的读服务中。下面我们来看看接口都做了什么。

因为接口都是 GET 类请求，为了介绍方便，我们按模型分别说明。这里主要有频道、文章和投票三个接口。

11.2.1 频道接口

频道查询需要两个接口：支持分页的频道列表查询 channels 和获取频道详情查询 channels/:id，我们先从频道列表查询接口为例，介绍查询接口编写的细节。

1. 获取频道列表

代码如下所示：

```
// channels
app.route.get('/channels', async req => {
  let query = req.query
  let sort = {}
  // 排序参数校验
  if (req.query && query.sortBy) {
    let sortInfo = query.sortBy.split(':')
    if (
      sortInfo.length !== 2 ||
      ['timestamp', 'articles', 'votes'].indexOf(sortInfo[0]) === -1 ||
      ['asc', 'desc'].indexOf(sortInfo[1]) === -1
    ) {
      throw new Error('Invalid sort params')
    }
    sort[sortInfo[0]] = sortInfo[1] === 'asc' ? 1 : -1
  }
  // 参数解析
  let queryArr = ['channels', query.sortBy, query.limit, query.offset]
  if (query.creatorId) queryArr.push(query.creatorId)
  if (query.tid) queryArr.push(query.tid)
  let key = queryArr.join('_')
  // 缓存查询
  if (app.custom.cache.has(key)) {
    return app.custom.cache.get(key)
  }
  // 拼接查询规则
  let condition = [{ reports: { $lt: 3 } }]
  if (query.creatorId) condition.push({ creatorId: query.creatorId })
  if (query.tid) condition.push({ tid: query.tid })
  let count = await app.model.Channel.count(condition)
  // 执行查询
  let channels = await app.model.Channel.findAll({
    condition: condition,
    limit: query.limit || 50,
    offset: query.offset || 0,
    sort: sort
```

```
  })

  let result = { count, channels }
  // 设置缓存结果
  app.custom.cache.set(key, result)
  return result
})
```

从代码来看，我们梳理一下接口的查询流程：

1）参数校验。

2）参数解析。

3）查询缓存。

4）拼接查询规则检索数据库。

5）设置缓存结果。

6）返回结果。

除了使用了 app 中注入的函数和方法，这些代码逻辑与一个普通的数据查询接口没有任何区别，router 也是遵照了 express 形式的接口方法定义。

参数校验中，对 sort 参数的格式与字段校验，需包含 ['timestamp', 'articles', 'votes'] 三种排序类型，['asc', 'desc'] 两种类型，同时支持对 creatorId 与 tid 的条件过滤。

条件拼接完毕后，使用 app.model.Channel.findAll 函数进行数据查询，参数为对象，其中 condition 作为查询条件对象，limit 为每次查询条数，offset 为偏离值，两个参数实现了查询分页功能。sort 作为排序字段传入查询中，返回相应的结果。

app.custom.cache.has(key) 在数据进行查询之前，判断缓存中是否已经包含了对应的查询 key ，如果包含，则直接返回之前查询返回的结果。在这里就要规范好缓存中索引规则，避免出现不同查询出现相同缓存的问题。因为查询接口需要支持多参数或单参数，那么对于缓存对象索引的维护，就需要考虑参数数量不固定的情况，最终我们看到了 let key = queryArr.join('_') 这段代码，维护了一个完整的参数列表，最终生成排重的缓存索引。

在查询获取结果之后，返回结果之前，我们将结果写入了缓存之中，一个完整的查询接口就这样完成了。

2. 获取频道详情

代码如下所示：

```
// 获取频道详情
app.route.get('/channels/:id', async req => {
  let id = req.params.id
  let key = 'channel_' + id
  if (app.custom.cache.has(key)) {
    return app.custom.cache.get(key)
  }
  let channel = await app.model.Channel.findOne({
    condition: { id: id }
  })
  if (!channel) throw new Error('Channel not found')
  if (channel.reports >= 3) throw new Error('Channel was banned')
  let account = await app.model.Account.findOne({
    condition: { address: channel.creatorId }
  })
  if (account) {
    channel.nickname = account.str1
  }
  let result = { channel: channel }
  app.custom.cache.set(key, result)
  return result
})
```

频道详情的查询接口与查询频道列表的接口类似，只是把 findAll 接口换成了 findOne，与频道列表查询一样限制了 reports 数量为 3 的查询展示，完成了举报内容的逻辑删除。最后也对相关的数据进行了组装，满足前端展示的需要。

11.2.2　文章接口

文章的查询也分为文章列表与详情两部分，下面分别介绍。

1. 文章列表查询

在业务需求中，文章排序的策略与频道略有不同，有两种排序策略：一种按热度排序，另一种按时间排序，两种策略提供不同的排序算法。针对不同排序，接口提供了两种排序实现：getArticlesByTime 与 getArticlesByScore。

代码如下所示：

```
app.route.get('/articles', async req => {
  let query = req.query
  ...
```

```
    let res = null
    if (query.sortBy === 'timestamp') {
      res = await getArticlesByTime(query)
    } else if (query.sortBy === 'score') {
      res = await getArticlesByScore(query)
    } else {
      throw new Error('Sort field not supported')
    }
    await setUsername(res.articles)
    await setChannelName(res.articles)
    app.custom.cache.set(key, res)
    return res
  })
```

按时间排序算法实现方式与普通的排序并没有什么不同，这里为了提高代码可读性与可维护性，把业务逻辑与按照分数排序算法一同抽离成单独函数进行调用，这里我们重点看时间排序。热门文章的分数计算是通过打赏金额与时效性进行评分，打赏数量越高，分数高，发布时间越新评分也就越高，但就打赏额和时间所占的权重相比，时间占比最大，也就是说，打赏数量相同的情况下，较新的文章，得分较高。代码如下所示：

```
  // 通过文章得分排序
  async function getArticlesByScore(options) {
    let condition = {
      reports: { $lt: 3 }
    }
    // 条件过滤
    ...

    let latestArticles = await app.model.Article.findAll({
      condition: condition,
      limit: 300,
      sort: { timestamp: -1 }
    })
    let popularArticles = await app.model.Article.findAll({
      limit: 300,
      sort: { votes: -1 }
    })
    // 排重
    ...
    allArticles.forEach(a => {
      a.score = calcScore(a)
    })
    allArticles.sort((l, r) => {
```

```
    return r.score - l.score
  })
  return { articles: allArticles.slice(0, options.limit || 50) }
}

// 得分算法
function calcScore(article) {
  // 据目前时间计算出文章已经发布多少小时
  let elapsedHours = (Date.now() - app.getRealTime(article.timestamp)) / 3600000

  return Math.sqrt(article.votes + 1) / Math.pow(elapsedHours + 2, 1.8)
}
```

option 参数是 query 对象，我们在通过分数排序之前，需要先获得最新的一批文章与分数最高的一批文章，将其排重处理后，通过分数算法进行排序，得出的结果就是最终展示的效果。

calcScore 函数保证了整个排序算法能够按照时间与打赏额数量进行排序，展示热门文章。

提示　文章详情与频道详情实现相似，不再赘述。

2. 文章评论列表

我们都知道，文章的评论有回复的功能（/articles/:id/comments），查询评论的同时也需要展示对评论的回复，如果一条评论是回复另一条评论的，我们需要知道这条评论是来自于哪位用户，这就需要进行二次查询，这里我们通过过滤的方式，同时查询出所有拥有 pid 属性并与之对应的评论数据，排重后为其对应的 authorId 填充昵称。代码如下所示：

```
app.route.get('/articles/:id/comments', async req => {
  // 封装条件
  ...
  let comments = await app.model.Comment.findAll({
    condition: [{ aid: id }, { reports: { $lt: 3 } }],
    limit: req.query.limit || 50,
    offset: req.query.offset || 0,
    sort: sort
  })
```

```
    let replyIds = []
    for (let c of comments) {
      if (c.pid) replyIds.push(c.pid)
    }
    let replyComments = await app.model.Comment.findAll({
      condition: {
        id: { $in: replyIds }
      },
      fields: ['authorId', 'id']
    })

    // 排重作者信息并缓存
    let replyAuthorMap = new Map()
    for (let rc of replyComments) {
      replyAuthorMap.set(rc.id, rc.authorId)
    }

    // 统一查询
    let addresses = comments.map(c => c.authorId).concat(replyComments.map(rc
      => rc.authorId))
    let accounts = await app.model.Account.findAll({
      condition: {
        address: { $in: addresses }
      },
      fields: ['str1', 'address']
    })

    // 名称赋值
    ...
    let result = { comments: comments, count: count }
    app.custom.cache.set(key, result)
    return result
})
```

代码中使用 findAll 给定参数对象中，用 fields 指定查询实体的返回属性，str1 就是侧链中对应的用户昵称字段。而查询条件字段中指定地址条件的 {$in: addresses} 值，就是实现了 SQL 语句中 in 的查询效果。

11.2.3 投票接口

查询投票记录、查询投票详细信息与查询频道的思路一致，不再详细解释。

前面也解释了 Vote 的储存逻辑，在抽奖模式下 Vote 作为一种累计数据模式，详细的打赏数据则存储在 bid 表中，而在默认模式下为记录模式，重复打赏不再累加，而是创建新的 Vote 记录。

提示 查询抽奖记录与其他列表查询接口实现相同，不再详述。

控制内容查询过滤逻辑

/access 接口是在实际的前端使用过程中添加的，主要为了满足在前端进行页面跳转时，判断当前的投票记录所对应的文章是否被举报超过三次，或者在点击文章的同时查询当前的文章所在频道是否被举报超过三次。代码如下所示：

```
// 获取打开权限
app.route.get('/access', async req => {
  let { id, type } = req.query
  if (type == 2) { // article
    let article = await app.model.Article.findOne({
      condition: { id: id }
    })
    if (!article) throw new Error('Article not found')
    if (article.reports >= 3) {
      return { errorType: 2, access: false }
    } else {
      let channel = await await app.model.Channel.findOne({
        condition: { id: article.cid }
      })
      if (channel.reports >= 3) return { errorType: 1, access: false }
    }
    return { access: true }
  } else if (type == 3) { // vote
    let vote = await app.model.Vote.findOne({
      condition: { id: id }
    })
    if (!vote) throw new Error('Vote not found')

    let article = await app.model.Article.findOne({
      condition: { id: vote.aid, reports: { $lt: 3 } }
    })
    if (!article) throw new Error('Article not found')
    if (article.reports >= 3) {
      return { errorType: 2, access: false }
    } else {
```

```
      let channel = await await app.model.Channel.findOne({
        condition: { id: article.cid }
      })
      if (channel.reports >= 3) return { errorType: 1, access: false }
    }
    return { access: true }
  }
})
```

参数说明如下。

- id：需要检验的数据 id。
- type：数据类型，1 为 channel，2 为 article，3 为 vote。

这里与 report 合约的处理思路相同，同一个接口处理不同实体的判断逻辑，目前只需要依据需求处理 vote 与 article 即可，通过传递查询获取上级数据是否被禁用。

返回数据包含两个字段，access 返回 boolean 类型的值，代表索要查询的数据是否具有权限；errorType 与参数规则相同。这样，我们就可以通过 access 接口查询数据是否可以访问。

到这里，我们已经完成了写入合约和查询接口的编写，后端的工作是否就算结束了呢？当然没有，我们还缺少了测试环节，下一章我们将会编写测试代码。

11.3 DApp 的前端实现

这一部分我们简要介绍如何在前端与 DApp 交互，在浏览器环境调用合约和查询数据。查询和合约调用都采用了 RESTful 请求的方式，所以不管是在 HTML 5 还是命令行，都可以与应用交互。

前端与应用交互将会用到之前提到的 asch-js 库，作为前端向应用发起交易的工具通过私钥签名参数传递给应用服务器，那么读操作就和普通的 Web 接口请求相同，下面我们简单说明如何在前端调用接口。

11.3.1 登录

这里所说的登录，其实是账户余额查询，这里只需要传入地址作为参数即可，与我们对登录的理解不同，这里的登录只是一个 GET 请求，通过地址查询账户余额，而这个接口也是对全网开放的，即所有人都能通过一个地址查询账户的余额，这也是遵循区块链的公开透明的原则。

所以前端只要能够通过用户登录的行为，查询到用户的余额信息，就默认他具有此账户的控制权。但是在实现的过程中还是需要用户输入秘钥，然后使用 asch-js 计算出公钥，再通过公钥计算出地址进行查询。可以理解为我们把对权限的校验放在了客户端进行，只是使用了通用的查询接口进行账户查询而已。

```
import { getPub, getAddr } from '../utils/asch'
// getPub  ->  AschJs.crypto.getKeys(secret).publicKey
// getAddr ->  AschJs.crypto.getAddress(publicKey)
...

login() {
    this.$v.secret.$touch()
    if (this.$v.secret.$error) {
        return null
    } else {
        let account = {}
        account.secret = this.secret
        account.publicKey = getPub(this.secret) // 通过私钥计算出公钥
        account.address = getAddr(account.publicKey) // 通过公钥计算出地址
        ...
    }
}
```

整个过程也是为了保证数据安全性，让私钥在本地验证的方式避免敏感信息通过网络传输。

11.3.2　调用合约

上节提到，在调用合约时将参数通过 asch-js 签名后可以提高交易的安全性，前端依然要遵循此类原则——用户的私钥只允许在本地使用，避免使用网络明文传输私钥。举个例子：

```
// 本地签名 API
export const callContractsApi = (options, secret) =>
  AschJs.DApp.createInnerTransaction(options, secret)

...
```

```
// 调用合约
api.callContractsApi = trans => {
  return fetch(urls.callContractsApi, { transaction: trans }, 'put') // fetch
    封装了请求接口
}

// 请求创建频道合约
api.createChannel = (channel, secret) => {
  let trans = createInnerTransaction(
    {
      fee: '1000000000000',  // 手续费
      type: 1005,            // 合约类型
      args: [channel.name, channel.url, channel.desc] // 参数
    },
    secret // 账户秘钥
  )
  return api.callContractsApi(trans)
}
```

这里做了合约调用的本地签名，createInnerTransaction 封装了 asch-js 中的签名函数 AschJs.DApp.createInnerTransaction 通过私钥将参数签名，得出的结果在测试章节中有分析，签名函数用计算后的签名代替私钥本身。

11.3.3 调用接口

调用接口通过 API 传递参数，用 url query 的形式传递参数，这里提到的所有查询都不做权限的限制，只是数据更新后包含 10 秒钟的确认。

那么为了保证用户体验，在前端需要有定时刷新，每隔 10 秒刷新一下服务器数据，始终显示最新的数据。

当然如果碰到比较复杂的应用，前端要提供局部更新 UI 或数据的方式，这里推荐使用 MVVM 前端架构，结合状态管理工具，通过数据驱动视图无缝更新。

11.4 本章总结

经过本章的学习，读者可能会发现在阿希链上开发一个 DApp 的过程和开发传统的 Web 应用非常类似。从传统的 Web 开发切换到基于阿希链开发 DApp 是一件非常容易的事。

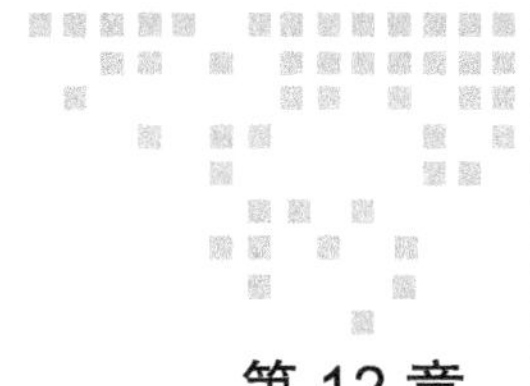

第 12 章 

DApp 测试

前面的章节我们从环境搭建，应用设计，代码实现三个部分完成了 DApp 开发的整体流程，不过我们还缺少了很重要的一环就是测试。这一章我们从抽奖合约的整个测试流程代码来讲解如何对合约与接口进行测试。

12.1 测试准备

首先我们来看一下项目中，test 目录中文件结构，lib 目录中存放了方便测试调用的封装函数，以 base 命名，而 test 根目录的 cctime 文件包含了主要的测试用例。

编写测试用例之前，我们先熟悉一下 base 文件中的函数，这些函数作为测试工具提供给测试用例调用，封装了合约和访问接口代码。

12.1.1 初始化函数

编写测试用例之前，需要将常用的方法抽离封装，放入 base 文件中，这里我们使用了 supertest 和 chai 作为主要的测试框架，大家可以在源码文件中找到测试文件中的声明。以下是初始化相关的函数：

```
// 合约调用的封装函数，返回 promise 对象
```

```
function PIFY(fn, receiver) {
  return (...args) => {
    return new Promise((resolve, reject) => {
      fn.apply(receiver, [
        ...args,
        (err, result) => {
          return err ? reject(err) : resolve(result)
        }
      ])
    })
  }
}

// 调用主链接口的封装函数
function baseApiGet(path, cb) {
  baseApi
    .get(path)
    .expect('Content-Type', /json/)
    .expect(200)
    .end(function(err, res) {
      cb(err, res && res.body)
    })
}

// 调用 DAPP 接口封装函数
function dappApiGet(path, cb) {
  let seperator = path.indexOf('?') !== -1 ? '&' : '?'
  dappApi
    .get(path + seperator + '_t=' + new Date().getTime())
    .expect('Content-Type', /json/)
    .expect(200)
    .end(function(err, res) {
      debug('dappApiGet response err: %j, res: ', err, res.body)
      cb(err, res && res.body)
    })
}

// 初始化方法
function init(cb) {
  baseApiGet('/dapps?name=asch-dapp-cctime-test', function(err, res) {
    debug('init find dapp err: %j, res: ', err, res)
    if (err) return cb('Request error: ' + err)
    if (!res.success) return cb('Server error: ' + err)
    if (!res.dapps.length) return cb('DApp not found')
    dapp = res.dapps[0]
```

```
      id = dapp.transactionId
      dappUrl = baseUrl + '/api/dapps/' + id
      dappApi = supertest(dappUrl)
      cb()
    })
  }
```

我们看 init 方法中，对 DApp 的 id 进行了查询，根据应用的名称从主链动态获取当前侧链应用的 ID，为后续测试接口的调用初始化 DappId 数据。

接下来我们看一下测试常用的工具函数。

12.1.2　区块等待

在发起一笔交易之后，需要等待交易确认之后再执行下一步的操作，调用 sleep 函数进行等待，之后继续执行。这个函数在测试流程中会多次使用，因为 10 秒一个区块的特性，很多的操作需要在区块确认之后获得验证，不仅是写操作，读取的接口依然需要在上一次写操作之后等待区块确认才能获取到最新数据。区块等待相关函数如下所示：

```
// 等待函数
function sleep(n, cb) {
  setTimeout(cb, n)
}

// 区块等待函数
async function onNewBlockAsync() {
  let firstHeight = await PIFY(getHeight)()
  while (true) {
    await PIFY(sleep)(1000)
    let height = await PIFY(getHeight)()
    if (height > firstHeight) break
  }
}
```

12.1.3　账户生成与转账

生成随机账户与转账接口也需要测试，我们留意到了在 base 文件头部定义了创世账户的地址和秘钥，创世账户可以通过 asch-js 中的合约接口向新生成的账户转账，随机账户有了余额就能够继续调用应用中的自定义合约，进行合约相关的功能测试。账户及转账相关的函数如下：

```
// 生成随机秘钥
function randomSecret() {
  return Math.random()
    .toString(36)
    .substring(7)
}

// 获取随机账户，包括地址，公钥
function getRandomAccount(memo=false) {
  var secret = memo || randomSecret()
  var keys = AschJS.crypto.getKeys(secret)
  return {
    address: AschJS.crypto.getAddress(keys.publicKey),
    publicKey: keys.publicKey,
    secret: secret
  }
}

// 转账接口封装
function giveMoney(address, currency, amount, cb) {
  dappApi
    .put('/transactions/unsigned')
    .set('Accept', 'application/json')
    .send({
      secret: genesisAccount.secret,
      fee: '10000000',
      type: 3,
      args: JSON.stringify([currency, amount, address])
    })
    .expect('Content-Type', /json/)
    .expect(200)
    .end(function(err, res) {
      debug('giveMoney res err: %j, res: ', err, res.body)
      assert(!err)
      assert(res.body.success)
      cb(err, res)
    })
}

// 转账后等待区块确认
async function giveMoneyAndWaitAsync(addresses, currency, amount) {
```

```
  for (let i = 0; i < addresses.length; i++) {
    await PIFY(giveMoney)(addresses[i], currency, amount || randomCoin())
  }
  await onNewBlockAsync()
}
```

1. 随机账户

randomSecret 调用 randomSecret 生成随机字符串作为账户秘钥，我们可以看到 AschJS.crypto.getKeys 函数能够将字符串格式的秘钥通过非对称加密得出一个包含公钥和私钥的秘钥对，AschJS.crypto.getAddress 通过公钥算出账户的地址。

randomSecret 返回的是一个随机生成但被截取之后的字符串。通常情况下，Asch 只支持符合 BIP39 规范的密钥字符，也就是我们熟悉的“助记词”格式的密码，但这里为了测试方便，直接使用随机的七位字符串，同样可以算出符合规则的公钥，也能计算出地址。当然，随机账户也支持通过指定助记词的方式获取公钥与地址。

2. 转账

转账在 DApp 以类型 2 的合约实现，所以这里的转账就是在调用 DApp 内部的合约，我们可以在 giveMoney 函数中看到合约调用的格式。

合约参数结构如下：

- secret 为合约调用者的秘钥，String 类型。
- fee 为合约调用手续费，bigNumber 类型。
- type 为合约类型，Number 类型，与自定义合约数据对应。
- args 为合约参数，Array 类型。

注意 我们看到 giveMoney 调用合约时请求了 /transactions/unsigned 接口，这个接口可以接受未签名的参数和密钥执行合约，这样做在测试环境虽然没有问题，但是在正式的生产环境中会有很大的风险，我们的私钥内容会有被网络劫持的风险，所以在调用合约时，尽可能避免通过网络传输自己的密钥，而是用本地签名的方式加密参数，然后请求 /transactions/signed ，这点一定要十分注意。

相关代码如下：

```
// 用签名的方式调用内置合约
function submitInnerTransaction(trs, cb) {
  debug('submitInnerTransaction input: ', trs)
  dappApi
    .put('/transactions/signed')
    .set('Accept', 'application/json')
    .send({
      transaction: trs
    })
    .expect('Content-Type', /json/)
    .expect(200)
    .end(function(err, res) {
        debug('submitInnerTransaction response err: %j, res: %j', err, res.
body)
      cb(err, res.body)
    })
}
```

上面的代码通过接收签名参数调用合约的接口，这个函数发送了命名为 transaction 的参数，trs 是用 asch-js 前端 JavaScript 工具库进行签名返回的 transaction 对象。我们来看一个例子：

```
// 调用发布文章合约
async function postArticleAsync(article, secret) {
  let trs = AschJS.dapp.createInnerTransaction(
    {
      fee: '10000000',
      type: 1000,
      args: [
        article.title,
        article.url,
        article.text,
        article.tags,
        article.cid,
        article.settleHeight
      ]
    },
    secret // 只用做签名使用，不参与网络传输
  )
  return await PIFY(submitInnerTransaction)(trs)
}
```

使用 AschJS.dapp.createInnerTransaction 将合约参数通过秘钥 secret 签名之后传

入 submitInnerTransaction 函数，完成合约调用。与上面 giveMoney 函数不同的是，createInnerTransaction 返回的是通过秘钥签名的内容，将签名后的数据通过网络发送，这样提高了整个传输过程秘钥的安全性。

我们来看签名后的 transaction 参数是什么样子：

```
{
    "transaction": {
        "fee": "10000000",
        "timestamp": 58261151,
        "senderPublicKey": "8065a105c785a08757727fded3a06f8f312e73ad40f1f3502
          e0232ea42e67efd",
        "type": 1000,
        "args": "["测试合约参数内容","","## 这是一篇测试内容\n\n作为测试参数使用的
          ","","12",445964]",
        "signature": "8657684e3694b000fae2d2473f7c03efcee8f61462498f924ac38e2
          670697eda26bcb1df625ec7a74bb0054d1fad0ebefc1dc1c04f4916f44dd59f87a
          1ead205"
    }
}
```

与上面未签名调用转账接口的参数对比，本地签名后得出的参数中少了 secret 属性，多了 signature 属性，而这个属性把通过 sha256 算法得出的私钥与整个 transaction 参数经过哈希计算之后得出，用于后端接口对参数验证。

其他的合约调用基本上都按照发布文章合约的结构组织参数，完成合约调用的封装。这样，我们就可以着手编写测试了。

12.2 合约流程测试

我们现在开始以一个发布文章、用户打赏、结算抽奖和用户领奖整个应用的核心流程进行测试，相关代码如下：

```
// 初始化测试变量
describe('cctime', () => {
  before(async function() {
    await base.initAsync()
  })


  // 获取频道列表
```

```
it('should be ok to get all channels', async function() {
  let m = await base.dappApiGetAsync('/channels')
  debug('get all channels', m)
  assert(m.success, 'get seccess')
  assert.exists(m.count, 'get count')
  assert.isArray(m.channels, 'get result')
})
```

首先，在测试用例 before 函数中初始化测试变量、DApp 数据和创始账户信息作为后续测试函数的基础，然后执行获取频道列表的测试用例。我们使用 await base.dappApiGetAsync('/channels') 请求一个 API，获取到频道列表信息，并用断言库校验结果。

下面我们对核心的业务流程进行测试，测试的思路如下：

1）创建频道。

2）初始化账户。

3）在频道里创建包含抽奖模式的文章。

4）模拟三个用户各打赏两笔。

5）文章结算。

6）获奖用户领奖。

7）检查各自账户的余额。

核心业务流程的代码如下：

```
// 测试核心业务流程
describe('test core flow', () => {
  let channelTransactionId, channelId
  before(async function() {
    let delegateAccount = base.getRandomAccount(delegateSecrets[0])
    await base.giveMoneyAndWaitAsync([delegateAccount.address], 'CCTime.
      XCT', '1050000000000')
    let res = await base.createChannelAsync(
      {
        name: 'test channel ' + Math.random(),
        desc: 'this is a channel desc in case to pass the validate of 50
          chars ok that is not long enough give you 50 ',
        url: 'http://openmindclub.qiniudn.com/caos/caos.jpg'
      },
      delegateSecrets[0]
    )
    debug('post channel', res)
    channelTransactionId = res.transactionId
```

```
      assert(res.success)
      assert(res.transactionId.length === 64)
      await base.onNewBlockAsync()
    })

    it('test channel get', async function() {
      let res = await base.dappApiGetAsync('/channels?tid=' +
        channelTransactionId)
      assert(res.success)
      assert(res.count === 1)
      assert.isArray(res.channels)
      assert(res.channels.length === 1)
      assert(res.channels[0].tid === channelTransactionId)
      channelId = res.channels[0].id
    })
  ...
  // 频道变更花费50000000000 token

})
```

上面的代码使用受托人创建了一个新频道，并通过频道查询接口通过交易 ID 获取到了频道的 ID，完成了基本的测试逻辑，同时保存了 channelId 作为后续创建文章的数据。

注意　await base.onNewBlockAsync() 是在等待区块确认之后再继续执行。我们看到最初先给账户转入 10500 的 Token，用于创建频道和更新频道的消耗。

打赏文章测试代码如下：

```
//  测试打赏文章流程
  it('settle article test', async function() {
      let authorAccount = base.getRandomAccount()
      let user1 = base.getRandomAccount()
      let user2 = base.getRandomAccount()
      let user3 = base.getRandomAccount()
      let addresses = [user1.address, user2.address, user3.address]
      await base.giveMoneyAndWaitAsync(addresses, 'CCTime.XCT', '520000000')
      await base.giveMoneyAndWaitAsync([authorAccount.address], 'CCTime.XCT',
        '20000000')
      await base.onNewBlockAsync()
      // 获取应用区块高度
      let res = await base.dappApiGetAsync('/blocks/height')
      assert(res.success)
```

```
    let currentHeight = res.height
    // 发布文章
    res = await base.postArticleAsync(
      {
        title: 'settle article title',
        url: '',
        text: 'first settle article desc with chars show it if is greater
          than 50 ',
        tags: '',
        cid: channelId,
        awardType: 1,
        settleHeight: currentHeight + 2
      },
      authorAccount.secret
    )
    assert(res.success)
    assert(res.transactionId.length === 64)
    let articleTransactionId = res.transactionId
    await base.onNewBlockAsync()
  })
```

在上面代码中，首先进行账户的初始化，生成了四个账户，一个账户负责创建文章和结算奖励，另外三个作为打赏用户。然后对创建的文章执行两次打赏，为了验证方便，新创建的账户两次打赏的总额为 5 个 Token，创建文章的账户拥有 0.2 个 Token，操作之后扣掉手续费保证在结算之前账户余额都是零，方便验证。

另外，我们为了测试需要，将后端关于区块高度的限制暂时去掉，并设置结算区块高度为当前的高度加 2，这样，在用户投票之后直接执行结算。

提示 测试代码中，创建频道或文章之后，因为需要区块确认，所以我们没有办法立即获取到数据的 ID，只能先拿到 transactionId，待区块打包之后，再通过查询接口用 tid 获取实际的数据 ID，再进行下一步的操作，测试文件中，会出现很多这样的处理，这也是区块特性所决定的。

用户打赏测试代码如下：

```
// 用户打赏
debug('vote article 3 users')
res = await base.voteArticleAsync({ aid: articleId, amount: '250000000' },
```

```
  user1.secret)
assert(res.success)
assert(res.transactionId.length === 64)
...
await base.onNewBlockAsync()
debug('check vote num ')

res = await base.dappApiGetAsync('/votes?aid=' + articleId)
assert(res.success)
assert(res.count === 3)
assert.isArray(res.votes)
let vote = res.votes[1]
assert(vote.type === 1)
assert(vote.awardState === 1)
assert(vote.amount === '500000000')
...
```

上面代码中，用另外三个账户对文章进行了打赏，每个账户打赏两次不同的金额，但总额是 5 XCT，所以最终文章的抽奖池中，应该是 15 个 XCT，结算结果根据 15 XCT 的总额进行验证，然后验证文章投票额与投票者的余额是否正确，代码如下：

```
debug('calc settle prize')
// 奖励结算
res = await base.calculatePrizeAsync(articleId, authorAccount.secret)
assert(res.success)
assert(res.transactionId.length === 64)
await base.onNewBlockAsync()

debug('check calc article state')
...
debug('check calc article reward')

res = await base.dappApiGetAsync('/accounts/' + authorAccount.address)
assert(res.success)
assert.isObject(res.account)
balance = res.account.balances[0].balance
assert(balance === '450000000')
```

合约中对抽奖模式的结算规则是受托人 10%，作者 30%，获奖者 60%，因为受托人的奖励是平均分给三个账户，所以验证不是那么方便，不过我们只要验证作者和获奖者的奖励额就能确定结算是否正确，那么最终的结果是作者获得 4.5 个 XCT，抽奖人获得 9 个 XCT。

验证奖励测试代码如下：

```
debug('check calc vote reward ')

res = await base.dappApiGetAsync('/votes?aid=' + articleId)
assert(res.success)
assert(res.count === 3)
assert.isArray(res.votes)
// 获得最终得奖的投票者
let votes = res.votes.filter(v => {
  return v.settleAmount > 0
})
assert(votes.length === 1)
vote = votes[0]
let winnerId = vote.voterId
assert(vote.amount === '500000000')
assert(vote.settleAmount === '900000000')

debug('account get prize  ')
// 获得获奖者的秘钥
let winnerSecret = utils.getWinnerSecret([user1, user2, user3], winnerId)
res = await base.getRewardAsync(vote.id, winnerSecret)
assert(res.success)
assert(res.transactionId.length === 64)

await base.onNewBlockAsync()

debug('check winner balance')

res = await base.dappApiGetAsync('/accounts/' + winnerId)
assert(res.success)
assert.isObject(res.account)
balance = res.account.balances[0].balance
assert(balance === '900000000')
```

最终，在根目录执行 npm test，等测试运行结束，就能看到应用测试执行的结果了。

12.3 本章总结

我们已经把一个 DApp 服务的所有开发环节阐述了一遍，上述提及的测试代码也只是完成了核心功能验证，并没有完全覆盖到每一个合约和操作场景，如果读者感兴趣可以尝试在笔者的基础上补充或重构，也欢迎对项目提出改进建议。

推荐阅读

深入理解
Java
虚拟机
第3版
JVM高级特性与最佳实践
Understanding the JVM
周志明 著

深入理解
Android
Java虚拟机ART
Understanding Android Internals ART

Java
并发编程的艺术
The Art of Java Concurrency Programming

重新定义
Spring Cloud实战

Spring Cloud微服务
入门、实战与进阶

HikariCP In Action
HikariCP
数据库连接池实战

Spring Internals
Spring 技术内幕
深入解析Spring架构与设计原理
（第2版）
计文柯 著

数据
中台
让数据用起来
DATA MIDDLE OFFICE
MAKE DATA VALUABLE

中台
战略
中台建设与数字商业
MIDDLE-PLATFORM
STRATEGY

推荐阅读

精通区块链编程：加密货币原理、方法和应用开发（原书第2版）

书号：978-7-111-62605-3 作者：Andreas，M.，Antonopoulos 定价：119.00元

数字货币领域世界著名布道师AndreasM.Antonopoulos撰写，币圈热门图书，区块链技术入门经典

本书从基础技术层面解读开放区块链编程技术在金融领域的应用原理、实践及趋势。本书主要面向程序员，书中详细介绍了加密货币的原理、使用方法，以及如何开发与之相关的软件。对希望理解比特币及加密货币内在工作机制的非程序员读者们，本书前几章还深入介绍了比特币概念及其原理。